微積分を使わない
情報数理入門
考えるを楽しむ数学の本

藤井保憲 著

工学図書株式会社

は　じ　め　に

　コンピューターは好きだが，数学はどうも，という人の数は少なくないでしょう．実際，コンピューターを使って通信をしたり，文章を書いたり，あるいは音楽を聞いたりという場面で数学を意識することは，まずありません．でも皆さんが，大学の情報学科などに進むと，なんらかの形での数学の授業は避けられないでしょう．その理由として，コンピューターを理解するには，論理的な思考が必要で，それは数学によって養われるのだ，というのが一応の理由でしょう．でもそれならば，数式の扱い方には習熟しなくても，数学の論理だけ学べばよい，という考え方もあり，現にそうした「縦書き」の本もあります．しかし，私にはもう1つ理由があるように思えます．それはもう半世紀以上も前ですが，そもそもコンピューターは，数学者の頭から生まれたものだからです．実際，いわゆるコンピュータープログラムは，数式のスタイルで書かれます．

　そこまで深入りしなくても，コンピューターでやることはいくらでもあるとも言えます．しかしこの分野では，純粋の理工系の人が働く領分は広く，また深く，そういう人たちとある程度つき合えれば，仕事の範囲もだいぶ広がるはずです．その人たちは，いわば数学で食べていくのですが，皆さんはそこまでやらなくても，その人達のセンスを理解できる，といったあたりを目標にしてもよいのです．しかし，そのためには「縦書き」の数学では，不足か，場合によっては不適切で，やはり「手を動かして」式を書いてみる経験くらいは必要でしょう．また文系でも，受験数学の呪縛を離れて心を開けば，十分楽しめる数学もあることは，わかってほしい点です．

　とは言っても，世の中の半分くらいの人は，数学とはどうしても「そり」が合わないようです．そういう人たちにとって数学は，残念ながら，ある種の教養以上の意味は持ち得ないでしょう．でも少し考えてみて下さい．自動車をただ運転するだけならば，エンジンやブレーキの物理的，工学的な知識は不要でしょうが，たとえばレーサーとしてのF1ドライバーという人達は，メカニックやエンジニ

はじめに

アとの共同作業を通じて，車の能力を極限まで引き出します．同じ意味で，コンピューターの利用法のプロをめざすならば，教養としての数学を基にして，エンジニアとも渡りあえるという利点を生かす道もあります．それでも，どうしても数学は性に合わない，という人もいるでしょうが，開き直って言うならば，違った世界をのぞいてみるのが大人の大学ではないでしょうか．

そんな経験から自然に身に付く「考える力」，「ものの見方」といったものが，生半可な「即戦力」をしのいで，将来新局面を切り開く原動力となるのだと思います．もちろん数学の好きな人も，文学や歴史，またその他の社会科学の授業もとって，人間としての幅を広めて欲しいと望むのは当然です．

ところで，そういう意味で数学の授業をやるとしたら，何を教えたらよいのでしょうか．教える方から言えば，ここが大問題です．数学好きな人とつき合えるためには，ある程度，まがいものではない数学に触れて欲しいし，かといって数学にのめり込みすぎは禁物です．また「受験数学」とは別物だということを納得してもらうこともだいじです．さらに，やはりコンピューターに関係がある題材を含めたいとも思います．

こうしたことが，1995年日本福祉大学情報社会科学部が開設される直前，私の関心事でした．Windows 95 の発売で，パソコンが飛躍的に社会に広がろうとしていた時代に，文系理系を超えて，新しい種類の人材を世に送ることが目標でした．私は，新1年生が最初にとる半年の必修授業としての数学を，担当しました．学生の中には，私たちの理想を理解してくれた理系的な人達もいましたが，一方文系を自認して，数学はもうたくさんと思っていた人もいました．また受験産業の分類では，受験に数学が必修でないという理由で，学部ごと文系とされてしまったのは残念でした．私自身，文系のためと謳った数学の教科書なども調べてみましたが，どれも，数学で食べていこうとする人を育てるのが目標としか思えませんでした．けっきょく，独自の教材を作ることになったのです．

その教材も毎年改訂し，ほぼ落ち着いたのが，ここに本書としてお目にかけるものです．その過程で微分積分も削りました．連続数学ではなく離散数学に重点をおくことにしたのです．微分積分は，別の選択の授業に移しました．少し横道にそれますが，私自身は物理学者であり，純粋の数学者ではありません．その分，数学的議論の厳密さも完全とは言えませんが，それだけ数学を使う立場を重視できたとも思います．

全体の作り方ですが，学生達の表情も読みながら，大体書いたとおりに読み進み，それで (90分×2)×11回くらいで終わるような分量です．これからはみ出

るけれど，興味のある人にはぜひ読んで欲しいと思う部分は，付録に回しました．また毎回の話しを聞いたあとで印象を定着させるために，手を動かしてみる練習問題を宿題としました．次の週に簡単な解答を配り，適宜解説を加えるというスタイルでしたが，本書では解答を充実させ，独習書としても十分に使えるように工夫しました．特に今度本にするに際して，各章に章末問題を新たに付け加えました．中には解答が1つとは限らない問題など，少し広い立場からの考察を求めるものもあります．時間をかけてやってみてください．以上が本書の大枠ですが，私の狙いをもう少し整理してみましょう．

勘について 数学では先を読む力とか，「勘」が必要です．ところが受験教育の中で，数学とは，何でも規則に縛られて，想像力の入る余地がないかのようなイメージにとらわれた学生諸君に接したことも少なくありません．数学が好きという資質の中には，抽象的なことがらにもかかわらず，自然に先が読める，という要素があるようです．この面について，教師がみずからある種の範を示すこともたいせつだと思いました．これに関連して，テレビで見た一こまを思い出します．NHKで，「地球！ふしぎ大自然」という番組があり，タイトルに続いて「不思議をひも解いていくと，感動が待っています」というナレーションが流れます．私には，同じことが数学にも当てはまるように感じられるのです．

公式の暗記？ 数学的な思考方法といっても，いろいろな面があります．たとえばできるだけいろいろな場合に応用したい，また他の人にも広く利用してもらいたい，というのは，この分野では共通の願望のようです．そこから，同じ処理が何度も繰り返される場合には，新しくて便利な「定理」や「概念」を導入するとか，あるいは「公式化」が行われるようになります．コンピューターの働き方の設計でも，このようなパッケージ化が常套手段で，ここにも数学の影響が色濃いのです．数学を苦手とする人たちの間では，「無味乾燥」な公式の「暗記」を恨む声が高いようですが，実際には，今述べた「公共性」と「利便性」こそが，公式を背後で支えているのだ，ということを認識しましょう．最近，アメリカの数学者ラックスの言葉を見つけました*．数学を学ぶ生徒達に向けてでしょうが，定理は憶えるものではないと言い放っています．自分の頭でわかろうとしてごらん，それができたらもう怖がることは

---

* An interview with Peter Lax; New York Academy of Sciences Magazine, June/July/August 2005

はじめに

ない，というのです．やさしい微笑みの写真とともに，数学では，知ることにも増してまず第1に考えることだ，とも説いています．これをヒントに，またNHKの番組「知るを楽しむ」をもじって，この本のサブタイトルを決めました．

各章の内容について　この観点から，あれもこれも詰め込もうという態度はやめて，題材をしぼりました．コンピューターのよりよい理解をめざす必修科目としては，第1章で学ぶ暗号に関連した整数論や，2進数，16進数など，いわゆる「離散的」な数に焦点を当てます．その延長の上にあるのが第3章で，グラフ理論に取り組みます．遠景としてではありますが，4色問題も視野に入れます．一方，第2章で考える対数では，もっと「連続」な数字を扱いますが，微分に関するところまでは立ち入らず，それでいて高校での数学とはひと味違う面を強調し，しかも現代の社会の話題とも関連して，広い視野を持ってもらうことをめざしました．これが，世に言う文系，理系の間のギャップを少しでも埋めることを願っています．

このような，いくぶん型破りの本を世に送ることができたのは，まず第一に，授業を聞いてくれた学生諸君のおかげです．授業評価や，その他多くの機会を通じて寄せられた反応，意見や質問には，思いがけないものもありましたが，私の考えを確かめたり変更したりするうえで，いつも貴重でした．ここに感謝の意を表したいと思います．直感的で，しかも心温まるマンガを描いてくれたのは，当時学生であった近藤容代さんであったことも記して，御礼としたいと思います．また学部の同僚教員諸氏，あるいは事務を担当し，授業を援助して下さった方々のことも忘れられません．友人の多くの方々からは有用な，あるいは率直な意見や助言をいただきましたが，特に私の意図をよく理解したうえで，具体的な批判と励ましを賜り，非常勤の形で毎年一定数のクラスを担当していただいた北門新作氏（名城大学理工学部教授，名古屋大学名誉教授）には最大の謝意を表します．また江里口良治氏（東京大学教養学部教授），福井利雄氏（音楽家），西岡毅氏（三菱電機株式会社情報技術総合研究所），杉浦宣紀氏（株式会社東海ソフト開発，元東海大学開発工学部教授）らには，いろいろと細かい点で議論をして頂いたことを感謝申し上げます．

2005年10月

藤井保憲

目　次

はじめに ·· iii

1　整　　数

1.1　数の分類 ·· 1
1.2　素　数 ·· 2
　1.2.1　素数を求める ·· 2
　1.2.2　素因数分解 ·· 7
1.3　剰余算 ·· 10
　1.3.1　余りを求める ·· 10
　1.3.2　素数を判定する ·· 12
　1.3.3　ユークリッドの互除法 ·· 15
1.4　暗　号 ·· 17
　1.4.1　暗号の鍵 ·· 17
　1.4.2　RSA 方式 ·· 20
　1.4.3　電子的な署名 ·· 24
1.5　2 進数 ·· 25
　1.5.1　足し算 ·· 27
　1.5.2　引き算 ·· 31
　1.5.3　10 進数との関係 ·· 34
1.6　16 進数 ··· 35
　1.6.1　コンピューターにおける記憶 ······································ 35

vii

	1.6.2　ビットとバイト	37
付録 1.1	（1.47）の証明	41
付録 1.2	桁数が多い場合の 2 進数の足し算	42
付録 1.3	10 進数の数を 2 進数で表す方法	43
章末問題		45

2　べき乗と対数

2.1	べき乗	47
	2.1.1　整数べき	47
	2.1.2　大きな数，小さな数	49
	2.1.3　分数べき指数	52
	2.1.4　有理数，無理数	53
	2.1.5　実数べき指数	55
2.2	対　数	56
	2.2.1　常用対数	56
	2.2.2　対数の使いみち	61
	2.2.3　任意の底の対数	67
付録 2.1	音階	70
付録 2.2	自然対数によるべきの表現	77
章末問題		78

3　グラフ理論

3.1	グラフとは何か	81
3.2	基礎的な諸概念	85
	3.2.1　頂点と辺	85
	3.2.2　木，サイクル，連結	87
	3.2.3　同型	93
	3.2.4　特別なグラフ	95
3.3	オイラー回路	97

3.4 地図の彩色 ………………………………………………… 102
　3.4.1 平面的グラフ ……………………………………… 102
　3.4.2 頂点の彩色 ………………………………………… 107
　3.4.3 領域の彩色 ………………………………………… 109
付録 3.1 $K_{3,3}$ が平面的ではないことの証明 ……………… 112
章末問題 …………………………………………………………… 114

問 題 解 答

1 章 …………………………………………………………… 117
2 章 …………………………………………………………… 126
3 章 …………………………………………………………… 134

終わりに …………………………………………………………… 144
索 引 ……………………………………………………………… 145

コラム一覧

地球の大きさ ………………………………………… 4
素数と蝉 ……………………………………………… 9
懸賞問題 ……………………………………………… 22
電算機＝コンピューター？ ………………………… 36
3000000000000 円？ ………………………………… 51
計算尺 ………………………………………………… 62
星の等級は誰が決めたか？ ………………………… 66
トーナメントの試合数 ……………………………… 90
プリント配線 ………………………………………… 107
4色問題年代記 ……………………………………… 113

カバーデザイン：閏月社

1 整　　　　数

　この最初の章で扱うのは**整数**である．その基礎は，まさに小学校，中学校での算数であり，身近な足し算，引き算，掛け算，割り算にほかならない．ところが，こういうやさしい操作の積み重ねから，最強の**暗号**の作り方の着想が生まれたのである．暗号といえば，キャッシュカードで使う暗証番号を思い浮かべるかも知れないが，もう1つレベルの高いものが，現在のコンピューターネットワークの安全性を支えている．もう少し詳しく言うと，**素数**という，ギリシアの時代から知られている考えの発展であることは注目に値する．純粋数学としては，実際の役にたたないことを，むしろ誇りにしてきた「整数論」という地味な分野が，にわかに注目を浴びるようになったのも，興味ある現象と言えるだろう．

　もう1つ，現代のコンピューターの基本的技術ともなっている**2進法**，**16進法**についても学ぶ．特に前者は，これこそ「デジタル」の名で，現在のコンピューター文明の象徴をなすものといえよう．このような基本的原理について理解すれば，コンピューターを魔法か何かのように怖れたり，あるいは不当にあがめる気持ちもなくなるだろう．また「常識的な」10進法から脱却する数学の自由さを味わってもらえれば，とも願っている．総じて，コンピューターの発展とともに数学が時代の波に乗って，新しい「教養」ともなり，ことによるとビジネスチャンスを提供する可能性もあることに，思いをはせてほしい．

1.1　数　の　分　類

　自然数とは，1,2,3,…，言い換えれば**正の整数**のことである．さらに**負の整数**もあり，これらを総称して**整数**（integer）という．現在広く用いられている10進法のほかに，歴史的には5進法，12進法なども用いられた．しかし，コンピューターで用いられる2進法や16進法など，いずれにしても，これらはいずれも基本的に整数である．ゼロも整数の仲間である．

　ここでゼロの重要性について一言しておこう．日本固有の数字にはゼロはない．同様にローマ数字にもなく，アラビア数字の特徴である．実はそのもとはインドから伝えられたといわれている．「そろばん」には「桁」，あるいは「位どり」の

1 整　数

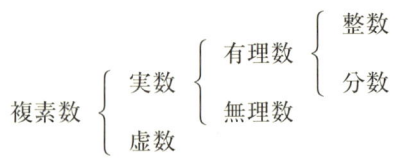

概念があった．それを「筆算」でも行えるようにするには，ゼロという数字が必要となり，ルネッサンスのころヨーロッパで用いられはじめた．記録を残すことのできる筆算はまた，紙の普及があってはじめて可能となったことにも注意しよう*．数学のその後の発展にとって，ゼロの重要性はますます高まる．

　整数以外にもいろいろな数がある．はじめにまとめておくと，まず整数，およびその**分数**（fractional number）としての**有理数**（rational number）がある．さらに有理数では表せない**無理数**（irrational number）がある．いちばんよく知られた例としては $\sqrt{2} = 1.414213562\cdots$, とか $\sqrt{3} = 1.732050808\cdots$, 円周率 $\pi = 3.141592654\cdots$ などがある．有理数と無理数を含めた全体が**実数**（real number）である．実数は2乗すると正の数になるが，2乗して負になる数を考えることができ，**虚数**（imaginary number）とよばれる．あるいは，負の数の平方根といってもよい．実数と虚数を統一して，**複素数**（complex number）という考えが有効である．

　自然数というのはきわめて常識的なものであるが，少し常識を越えるものとして，「素数」，「2進法」，「16進法」などについて学んでおこう．

1.2　素　　　数

　素数（prime）とは，1およびそれ自身以外では割り切れない数のことであって，2,3,5,7,11,13,…と続く．きわめて簡単なことのようであるが，その性質を数学で厳密に調べようとすると，意外にむずかしい．そもそも，どんな規則で現れるのか，未だに明らかではない．

1.2.1　素数を求める

　それはともかく，まずは素数を見つける組織的な方法を考えてみよう．といっても，これはギリシアの昔から知られていた方法で，「エラトステネスのふるい」（Eratosthenes's（275-194 B.C.）sieve）とよばれている．

---

*吉田洋一．零の発見．岩波新書（1939）．

まず、2から後ろの数を書き並べる。ただし一応、上限を決めておこう。それを、たとえば $N=33$ とする。

$$2,3,4,5,6,7,8,9,10,11,12,13,14,15,16,17,$$
$$18,19,20,21,22,23,24,25,26,27,28,29,30,31,32,33 \quad (1.1)$$

ここで最初の2は素数だから、これを[ ]で囲む。そして2で割れる数を次々に消していく：

$$[2],3,\cancel{4},5,\cancel{6},7,\cancel{8},9,\cancel{10},11,\cancel{12},13,\cancel{14},15,\cancel{16},17,$$
$$\cancel{18},19,\cancel{20},21,\cancel{22},23,\cancel{24},25,\cancel{26},27,\cancel{28},29,\cancel{30},31,\cancel{32},33 \quad (1.2)$$

残りの数、つまり奇数だけ書くと、

$$[2],3,5,7,9,11,13,15,17,19,21,23,25,27,29,31,33 \quad (1.3)$$

となる。

ところで、[ ]のついた数の次にくる数（この場合は3）は素数である。なぜならば、それは[ ]のついた数より大きいが、それでは割り切れない。もし割り切れていれば、すでに消されているはずである。すなわち素数である。そこで、「消去」を行った後で[ ]で囲った数のすぐ後の数にも[ ]をつける。そしてそれ（今の場合は3）で割れる数を消去する。その結果残るのは、

$$[2],[3],5,7,11,13,17,19,23,25,29,31 \quad (1.4)$$

となる。

すぐ上に述べた理由によって、5は素数である。（2でも3でも割り切れないから残っている。）そこで[ ]をつけ、5で割れる数で残っているもの（この場合は25のみ）を消去する。

$$[2],[3],[5],7,11,13,17,19,23,29,31 \quad (1.5)$$

この手順を踏んでいけば、[ ]で囲った素数の列がまちがいなく得られる。これがエラトステネスのふるいである。

1 整　　数

地球の大きさ

エラトステネスは，今から2200年ほど前に，はじめて地球の半径を計算したことでも知られている．その概要を記してみよう．といっても，計算しやすいように手直ししてあるが，彼の精神に沿ったものと思っている．

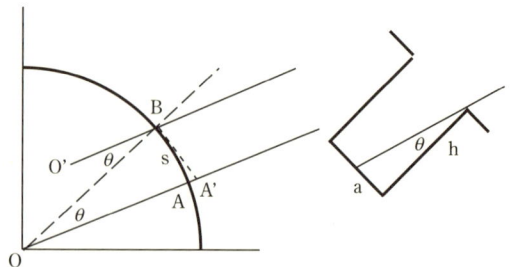

左の図は球形と考えた地球の断面（の1/4）である．もちろん彼は地球が球形であると考えていたのである．中心Oから上に引いた直線が円と交わる場所が北極である．夏至の日，エジプトのナイル川に沿ったアスワンの町では，深い井戸の底まで太陽の光が届いた．今の言葉で言えば，アスワンは北回帰線の上（北緯23.5度）にあり，夏至の日の正午には，太陽は地球の表面に対して垂直の方向にあったのである．実際は少しずれているが，あまり細かいことは言わないことにしよう．一方，ここからナイル川沿いにほとんど真北に下ったアレキサンドリア（当時のエジプトの首府）では，太陽の光は斜めにさし，井戸の底の一部しか照らさなかった．同じ夏至の日でもこのような違いがあったのである．太陽は地球からはるか遠くにあって，その光はほとんど平行に来たと考えて，彼はすでに地球が丸いという考えに妥当性があったと考えたのであろう．図にはアスワンをA，アレキサンドリアをBと記してある．もちろん，ニュートンの万有引力の説が現れるよりも1800年近くも前の話しである．球であると考えた地球の裏側では，物がどこかへ落ちていったはずで，それはおかしい，という批判にどう答えていたのかは明らかでない．

A地点に降り注ぐ太陽の光線は直線AOで表され，同時にB地点でのそれはBO'である．これら2直線は平行だというのがエラトステネスの考えであった．したがって，角度AOBと角度O'BOは等しく，ともにθである．ところで，Bにおいて太陽の光の端が井戸にどのように注ぐかを示したのが右の図で，鉛直方向が地球の中心に向かう線分OBに平行になるように傾けて描いてある．光のほうはOA//O'Bに平行である．したがって，それは井戸の壁とは角度θをなしていて，井戸の（水

面までの）深さhと壁からの距離aで表される．壁からa以内の部分は影をなしていた．もちろん，水面は壁とは垂直である．

また左の図に戻って，sはAとBの間の距離で，これはABを結ぶ円弧に沿ってはかったものである．しかし，実際にはBで，直線OBに垂直に引いた直線BA'の長さとあまり違わない．これは一種の近似だが，これが相当よい近似であることは，もっと厳密な考察によって確かめることができるし，とにかく直感的に正しそうなので，ここでは受け入れておこう．角度OBA'はもちろん直角で，BA'は，Bでの水平な方向と言ってもよい．三角形OBA'は，角度θをもつ直角三角形で，それは右の拡大図に現れている直角三角形と相似である．このことから，

$$\frac{\mathrm{OB}}{\mathrm{BA'}} = \frac{h}{a}$$

となっていることがわかる．左辺でOB＝Rは地球の半径で，また上に述べたようにBA'≈sである．これらを上の式に代入すると，

$$R = \frac{h}{a}s$$

となる．

エラトステネスは，アスワンとアレキサンドリアの間の距離sをはかっている．どのようにしてはかったのかは別として，また当時の単位で表された価を現在のkm単位に変換すると，ほぼ800 kmとなる．また$h/a = 8$であったとしてみよう．そうすると，上の式から$R = 800 \times 8 = 6400$ kmとなり，これは現在の価6340 kmにきわめて近い．今のように，人工衛星から地球の全体的な姿を直接とらえるよりはるか以前に，このような推論ができたことは，まさに数学に基づく想像力によるものということができよう．現在でも貴重な教訓である．

ところで，$N = 33$の例では実はこれ以上実際にやる必要はない．その理由を述べよう．手続きによれば7は素数である．7で割れる数，すなわち7の倍数として残っている数の最小のものは$7^2 = 49$である．なぜならば，それより小さい7の倍数はすでにすべて消去されている．その49は31より大きいので，考慮する必要はない．つまり見つかった素数が$\sqrt{N}\ (=\sqrt{33} = 5.74\cdots)$を越えたら，そこで探索は終えてよい．こういうわけで，33以下の素数としては，

$$2, 3, 5, 7, 11, 13, 17, 19, 23, 29, 31 \tag{1.6}$$

が得られた．ただし，このように探索を短く切り上げた場合，最終結果として残すのは，［ ］で囲った数のほかに，／で除去されずに残った数を全部集めたもの

1 整数

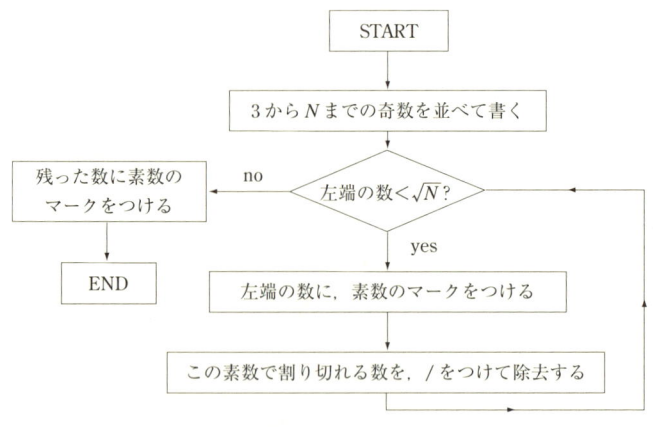

図1.1 素数を求める流れ図.

となる.

単純な方法であるが，漏れなく確実に，しかも最小の手数で答を得ることができる．しかも，与えられた N に対して $\sqrt{N}$（を越えない最大の整数）まで実行すれば十分であるという，「停止の条件」まで明らかにしてくれていることに注目しよう．

問題 1.1 150 までの素数を全部求めよ．その途中で3による割り算が何べんも出てくるが，3で割れる条件として，数字の和が3で割れればよいことを利用せよ．

以上の処方を**流れ図** (flow chart) にしてみよう（図 1.1）．ただし，1 と 2 は自明なので，それ以外の素数に絞ろう．

まん中近くの菱形で囲んだ部分では，「判断」が行われている．ある条件が満たされているかどうかに従って，進路が振り分けられる．

素数には限りがあるのだろうか．言い換えれば，最大の素数というものは存在するのだろうか．そうではないことを証明することができる．実際，最大の素数が存在するとして，それを N_0 と書いてみよう．そして

$$N = 2 \times 3 \times 5 \times 7 \times \cdots \times N_0 + 1 \tag{1.7}$$

という数を考えてみよう．ここで $2 \times 3 \times 5 \times 7 \cdots$ は，N_0 より小さいすべての素数の積を表す．この N を，まず 2 で割ってみる．積の部分は割り切れるので，結局 $1/2$ が残る．つまり N は 2 では割り切れない．同様に 3 でも割り切れず，あらゆる素数で割り切れないことがわかる．これは，N が新しい素数であることを

意味する．これが N_0 より大きいことは明かである．したがって，N_0 が最大の素数であるという仮定は正しくないことになる．

素数がどのような分布で現れるのかは，依然はっきりしていない．コンピューターで求められた最大の素数は，今のところ
$$2^{859433} - 1$$
である．11 の次に 1 だけでできている素数は，1 を 19 個並べた数であることが知られている．また，1234567891 が素数だというのも興味深い．

その他，素数については「近似的」なことがいくつかわかっている．その 1 つを紹介しておこう．

たとえば，隣接する 2 個の素数 p と q（$p < q$ とする）について，p^2 と q^2 の間に含まれる素数の数は，
$$N(p,q) = (q^2 - p^2) \times \frac{1}{2} \times \frac{2}{3} \times \frac{4}{5} \times \cdots \times \frac{p-1}{p} \times \frac{q-1}{q} \tag{1.8}$$
によって，かなりよい近似で与えられる．積は素数について順次とってゆくのである．(1/2) を掛けるのは，偶数を取り除くことに相当し，次の係数 (2/3) は，3 で割り切れる数が全体の 1/3 あるので，それを取り除く，などと考えでのことである．しかし，3 で割り切れる数の中には，たとえば 2 で割り切れる数も含まれている．こうした重複のために，(1.8) は完全に正確とはならない．

実際 $p=5$，$q=7$ とすると，$p^2=25$ と $q^2=49$ の間には 24 の数があるが，(1.8) で得られる推定値は，
$$N(5,7) = 24 \times \frac{1}{2} \times \frac{2}{3} \times \frac{4}{5} \times \frac{6}{7} = 5.48 \approx 6$$
となる．実際には 29, 31, 37, 41, 43, 47 と 6 個の素数があり，上の結果とよく一致している．

問題 1.2 上の近似式をもっと別の素数の組について確かめてみよ．

1.2.2 素因数分解

一方，素数でない数は**合成数**（composite numbers）ともよばれ，素数の積として表すことができる．たとえば 6 は合成数で，$6 = 2 \times 3$ と表すことができる．また $12 = 2^2 \times 3$ というように表す．このような表現を，（合成数の）**素因数分解**（prime factoring）という．これは，たとえば 2 桁や 3 桁の「小さな」数の場合，ほとんど取るに足らないくらいのやさしい計算である．しかし数字の桁数が大きくなるとともに飛躍的に計算量が増えて，時間がかかり，その意味で「むずかしく」なる．100 桁を越えると，巨大なコンピューターを使ったとしても何年も

あるいは何万年もかかると予想される．そもそも素数を求める方法が，今でもエラトステネスのふるいより本質的に進歩はしていないのである．どのように出現するか，その規則性がよくわからない素数による割り算を，こつこつと「しらみつぶしに」行うほかない．実は，このむずかしさこそが，後で述べる現代の**暗号**で中心的な役割を果たすのである．

問題 1.3 21 から 51 までの合成数を素因数分解せよ．

2つの数について，それぞれ素因数分解ができると，**最大公約数**（GCD, greatest common diviser）と**最小公倍数**（LCM, least common multiple）を求めることができる．たとえば $m=210$，$n=18$ としよう．素因数分解は，

$$m = 210 = 2 \times 105 = 2 \times 3 \times 35 = 2 \times 3 \times 5 \times 7,$$
$$n = 2 \times 9 = 2 \times 3^2$$

最大公約数は，素因数分解に現れる共通の素数を，べきまで含めて集めればよい．すなわち

$$\mathrm{GCD}\{210,18\} = 2 \times 3 = 6$$

となる．ここで 2 が n にも m にも共通に含まれることはすぐにわかるが，3 については少し注意する．つまり 3 は m には 1 個，n には 2 個含まれている．したがって共通なのは $3^1 = 3$ のみである．一般的に言えば，「べき」の小さいほうに合わせる．

次に最小公倍数は，それぞれの素数に関して，「べき」の大きいほうに合わせた数を作ればよい．上の例で言えば，2 についてはともに 1 乗，3 については n の方にある 3^2，その他は m にある 5×7．これらを全部掛け合わせて，

$$\mathrm{LCM}\{210,18\} = 2 \times 3^2 \times 5 \times 7 = 630 = 3m = 35n$$

を得る．

この結果からわかるように，

$$m = f \cdot \mathrm{GCD}\{m,n\} \quad \text{および} \quad n = g \cdot \mathrm{GCD}\{m,n\} \tag{1.9}$$

という形に書くことができる．上の例では，$f = 5 \times 7 = 35$，$g = 3$ であるが，当然のこととして，f と g には共通の素数がない．このような場合，f と g は**互いに素**であるという．この場合

$$\mathrm{GCD}\{f,g\} = 1 \tag{1.10}$$

である．これからさらに，

$$\mathrm{LCM}\{m,n\} = \frac{mn}{\mathrm{GCD}\{m,n\}} \tag{1.11}$$

という関係も導くことができる．

1.2 素　　数

> ### 素数と蝉
>
> 2004年6月26日の朝日新聞（夕刊）の科学欄「地球くらぶ」という欄に「素数を知っている蟬（せみ）」という，赤瀬川原平さんの随筆があった．抜粋になるが，一部引用させていただこう．
>
> > この間お酒を飲んでいて，17年蟬の話になった．今年はそれが羽化して地上に出る年に当たっていて，北米では大変だという．17年蟬なんて，はじめて聞くのでびっくりしていると，17年間地中でじーっとしていて，それでやっと地上に出て羽が生えて飛ぶ蟬だという．ほかに13年蟬もいるという話だ．（中略）聞くと，この13年とか17年という数字は，素数なのだという．（中略）え？そんな数を知っているなんて，蟬はものすごく頭がいいんだなあ，と思った．（中略）素数を使いこなすくらいだから無知ではない．蟬の脳は自分の体にはそんなになさそうだけど，周りの土とか木とか空気とかに分散して，いわば脳を寄託してあるのだろう．とにかく，自然界にはそういうリズムもあるのかと，不思議感を強くした．（後略）
>
> 蟬の知能について思いを巡らせておられるようだが，私には考えすぎのように思われる．たとえば12年蟬，16年蟬というのもいたとしよう．LCM{12,16} = 48 となるから，これら2つの「種族」の間では，48年ごとに発生の年が重なってしまい，「過剰発生」による共倒れ現象で，ともに種族減少となるだろう．一方，LCM{12,13} = 12×13 = 156，LCM{13,16} = 16×13 = 208 だから，13年蟬の受ける被害はずっと小さいことになる．こんなことを考えていくと，素数である13や17を発生周期とする種族が生き延びやすい理由も見えてきそうだ．つまるところ，同時発生による共倒れの可能性の少ない種族が，競争に対する適応性が確率的に高かったということで，蟬の知能や工夫のためではなさそうだ．逆に，それにもかかわらず，たとえば12年蟬が多数だとでもいうことであったならば，それこそ蟬の知能に基づく生き残り術，ということになったかも知れない．

この式の証明はあえて行わないが，m, n それぞれを構成する素数の中で GCD の中では「べき」の低いほうの値が，一方 LCM の中では高いほうの値が現れることを考えると，(1.11) の正しさが推量されるだろう．しかしここでは，上に書いた実例について確かめてみよう．

具体的に書いてみると，
$$m \times n = (2 \times 3 \times 5 \times 7) \times (2 \times 3^2) = 2 \times 3^2 \times 5 \times 7 \times \text{GCD}$$
したがって，

$$\frac{mn}{\text{GCD}} = 2 \times 3^2 \times 5 \times 7 = \text{LCM}$$

となる.

(1.11)は, GCD がわかっている場合, それから LCM を求める手段として用いることができる.

問題 1.4 次の数の GCD と LCM を求めよ.
$\{140, 165\}$, $\{350, 231\}$, $\{20493, 3381\}$

1.3 剰余算

そもそも素数の研究はギリシア時代から盛んであったが, それにもかかわらず, よくわかっていないことが今でも多い. ところが最近になってコンピューターにおける「暗号」の必要性から, 再び脚光を浴びることになり, それを含む**整数論**の研究も活発になった. その一端を紹介するが[*1], そのための予備知識として, まず**剰余算**について述べる. つまり, 割り算の際の**余り**(remainder)に関する計算規則である.

1.3.1 余りを求める

たとえば 5 を 3 で割ると 2 が余る. このことを,
$$5 \backslash 3 = 2$$
と書くことにする. \ はバックスラッシュ(backslash)と読み, 足し算の + や, 引き算を表す - と同じような, 一種の**演算記号**と考えよう[*2]. もちろん割り切れる場合は, 右辺はゼロとなる. たとえば,
$$15 \backslash 3 = 0$$
である.

また, 積, 和などと同じように, 計算法の名前があった方が便利だろう. それを剰余算とよぶ.

問題 1.5 次の剰余算を行え.
$21 \backslash 4$, $43 \backslash 5$, $7 \backslash 9$, $213 \backslash 28$

[*1] 1.3, 1.4 節の内容は, 一松信, 暗号の数理, 講談社ブルーバックス(1980), および太田和夫, 黒澤馨, 渡辺治, 情報セキュリティの科学, 講談社ブルーバックス(1995)の 2 冊の本に基づいている. 気楽に読んでみてほしい.

[*2] これはここだけの記号であるが, 便利であると思う. 一般に使われるのは 5 mod 3 = 2 というような書き方である. mod の意味については 2 つ後の脚注で説明する. 普通の関数電卓にはこの演算はついていないが, ある種のコンピューター言語, たとえば C にはついている.

この剰余算については，次のような性質がある．

$$a \setminus n < n, \tag{1.12}$$
$$a < n \quad \text{ならば} \quad a \setminus n = a, \tag{1.13}$$
$$a \setminus n = b \quad \text{ならば適当な} x \text{によって} \quad a = xn + b \text{と書ける．} \tag{1.14}$$
$$a \setminus n = b \quad \text{ならば} a - b \text{は} n \text{で割り切れる．} \tag{1.15}$$
$$\text{剰余算は途中で行ってもかまわない．} \tag{1.16}$$

(1.12) や (1.13) については簡単に確かめることができるだろうが，このように一応の「規則」にしてまとめておくと，実際に便利だろう．数学における「公式」には，こういう性格のものが多い．次に (1.16) について，まず例を示そう．

$$(11 + 12 + 14) \setminus 5 = 37 \setminus 5 = 2 \quad \text{だが}$$
$$((11 \setminus 5) + (12 \setminus 5) + (14 \setminus 5)) \setminus 5 = (1 + 2 + 4) \setminus 5 = 7 \setminus 5 = 2 \text{ としてもよい．}$$

また

$$(11 \times 12 \times 14) \setminus 5 = 1848 \setminus 5 = 3 \quad \text{だが}$$
$$((11 \setminus 5) \times (12 \setminus 5) \times (14 \setminus 5)) \setminus 5 = (1 \times 2 \times 4) \setminus 5 = 8 \setminus 5 = 3 \text{ としても同じ．}$$

(1.16) の証明をしよう．2つの数の和と積について行えば十分である．そこで2つの数を，

$$a = q_1 n + r_1, \quad b = q_2 n + r_2$$

とする．これは，どんな場合にも書ける一般的な式である．これから

$$a \setminus n = r_1, \quad b \setminus n = r_2$$

である．また

$$a + b = (q_1 + q_2) n + r_1 + r_2,$$
$$ab = q_1 q_2 n^2 + (q_1 r_2 + q_2 r_1) n + r_1 r_2$$

したがって，

$$(a + b) \setminus n = r_1 + r_2, \quad (ab) \setminus n = r_1 r_2$$

を得る．これは，

$$(a + b) \setminus n = (a \setminus n + b \setminus n) \setminus n \tag{1.17}$$
$$(ab) \setminus n = ((a \setminus n)(b \setminus n)) \setminus n \tag{1.18}$$

となることを示す．これらの式の最後で $\setminus n$ をつけてあるが，これは，直ぐ上の式で，$r_1 + r_2$ や $r_1 r_2$ がもし n を越えたら，n で割った余りにしよう，ということで，(1.17) や (1.18) の左辺の意味からすれば当然である．

また次のようにも計算できる．

$$(a + b) \setminus n = (a \setminus n + b) \setminus n$$
$$(ab) \setminus n = ((a \setminus n) b) \setminus n$$

実際，それぞれの右辺で，
$$a \backslash n + b = r_1 + q_2 n + r_2 = q_2 n + r_1 + r_2,$$
$$(a \backslash n)b = r_1(q_2 n + r_2) = r_1 q_2 n + r_1 r_2$$
となり，上の関係が正しいことがわかる．

大きな合成数の場合，小さな素数に分解しておき，その積の1つ1つについて「こまめに」に剰余算を適用していくと，計算が簡単になる可能性がある．

| 問題 1.6 | 次の計算をせよ．

$$12800 \backslash 17, \quad 390625 \backslash 17$$

直接計算するとともに，$12800 = 8^3 \times 5^2$，および $390625 = 25^4$ であることを使って計算して，前の結果と比較せよ．また $8^3 = 8^2 \times 8 = 64 \times 8$，$8^4 = (8^2)^2 = 64^2$ であることも利用すると便利だろう．

1.3.2 素数を判定する

剰余算の重要な応用として**フェルマーの小定理**に触れておこう*．

p を素数とする．任意の整数 $0 < a < p$ に対して，
$$a^{p-1} \backslash p = 1 \tag{1.19}$$
が成り立つ．これは素数を判定する方法として有用である．まず例をあげてみよう．たとえば $p = 5$，$a = 2$ とする．
$$a^{p-1} \backslash p = 2^4 \backslash 5 = 16 \backslash 5 = 1$$
これは明らかに5で割ると1余ることを示している．$a = 3$ でも $3^4 \backslash 5 = 81 \backslash 5 = 1$ である．一方，p として素数でない数，たとえば $p = 4$ としてみると，$a = 2$ に対して $a^{p-1} = 2^3 = 8$ で，これは4で割ると余りは0となり，(1.19) は成り立たない．しかし実際に大きな p をテストに掛けようとすると，$p-1$ という大きな数によるべき乗を計算しなければならない．そのやり方については，後の節で練習することにするが，素数そのものの計算よりもはるかに簡単である，とだけ言っておこう．

前に述べたように，素数を求めるには，もし大きな数であると非常に長い時間がかかる．結局はエラトステネスのふるい，あるいはそれに似た計算法で，小さい数から順々にやっていかなければならない．各段階の計算は単純だが，とにか

---

*わざわざ「小」という形容詞をつけたのは，もっと有名な「フェルマーの定理」と区別するためである．こちらは，a, b, c, m を正の整数として，$a^m + b^m = c^m$ が成り立つのは $m \leq 2$ に限るというもので（つまり $m = 2$ のピタゴラスの定理までしか成り立たない），フェルマー（P. Fermat（1601-1665））自身は証明を与えていない．その意味で「フェルマーの予想」として知られてきた．これも整数論の難問であったが，1994年になってついに証明されたというニュースが新聞に載って話題となった．

くたくさんやらなければならない．しかし，ある数が素数かどうか判定することは，もうすこし楽である．1つの判定条件が (1.19) である．ただし，これは素数であるための必要条件ではあるが，十分条件ではない．したがって，(1.19) が成り立ったからといって，ただちに素数であると結論することはできない．実際にはわずかだが，(1.19) を満たしているのに素数でない例がある．この点を補強する類似の判定条件がいくつも知られていて，実用上はかなり正確に素数の判定が可能である．一方，ある p に対して (1.19) を破る a が1つでも見つかれば，その p は絶対に素数ではない．

(1.19) についてもう少し考えてみよう．1から $p-1$ までの $p-1$ 個の数の集まり（集合 set）を考え，

$$Z_p = \{1, 2, \cdots, p-1\} \tag{1.20}$$

と記すことにする．

これの要素の各々に $0 < a < p$ を満たす整数 a を掛ける．全部で $p-1$ 個掛けるから，

$$a^{p-1} Z_p = \{a, 2a, \cdots, (p-1)a\} \tag{1.21}$$

このメンバーの数は，p より大きいものもあるだろうが，どれも互いに異なり，しかも p では割り切れない．なぜなら p は素数で，それより小さい数からできている数を割り切ることはないからである．そのような数は，結局 p を**法として**，(1.20) と同じものであると言う*．

このことの意味を，$p=5$ の実例で説明しよう．(1.21) で $p=5$, $a=2$ とすると，

$$2^4 Z_5 = \{2, 4, 6, 8\} \tag{1.22}$$

となるが，

$$2 \backslash 5 = 2, \ 4 \backslash 5 = 4, \ 6 \backslash 5 = 1, \ 8 \backslash 5 = 3$$

であるので，(1.22) の右辺で $\backslash 5$ を行うと，

$$\{2, 4, 6, 8\} \backslash 5 = \{2, 4, 1, 3\} \tag{1.23}$$

となる．右辺にはちょうど 1,2,3,4 が（順序を変えて）現れていることことに注意．

そこで (1.20) の $\{\ \}$ の中では数字の順序は関係がないとしてみると，(1.23) の右辺は Z_5 そのものに他ならない．一般的にいえば，

$$a^{p-1} Z_p \backslash p = Z_p \tag{1.24}$$

---

*「法」のもとになったのは modulo で，本来，係数とか率を意味する modulus から来ている．しかしいずれにしてもこの概念を表す日常語は存在しないので，数学だけで使われる一種の造語と考えておこう．

となる．この式の両辺を Z_p で割ると（こういう計算ができるかどうか，ほんとうはもっと詳しく検討しなければならないのだが）$a^{p-1}\backslash p=1$ となり，ちょうど (1.19) となっている！

(1.24) をさらに

$$a^{p-1}Z_p \stackrel{\backslash p}{=} Z_p \tag{1.25}$$

と書くこともある．この記号の意味を説明しよう．

再び $p=5$ としてみる．自然数を書き並べ，5 の倍数の所で区切ってみる．

$$\underline{0},1,2,3,4,\underline{5},6,7,8,9,\underline{10},11,12,13,14,\underline{15},16,17,\cdots$$

下線をつけたものが 5 の倍数で，その他は全部 5 では割り切れない数である．このとき，たとえば，

$$2\backslash 5 = 7\backslash 5 = 12\backslash 5 = 17\backslash 5 = \cdots = 2$$

である．つまり，5 で割った余りとしては，$7,12,17,\cdots$ はすべて同じ値 2 を与えるという性質を共有している．このことを「$7,12,17,\cdots$ は 5 を法として 2 に等しい」と言い，記号として

$$7 \stackrel{\backslash 5}{=} 2, \quad 12 \stackrel{\backslash 5}{=} 2, \quad 17 \stackrel{\backslash 5}{=} 2, \quad \cdots$$

のように書く*．また，$7,12,\cdots$ は 5 を法として互いに等しいと言ってもよく，

$$7 \stackrel{\backslash 5}{=} 12 \stackrel{\backslash 5}{=} 17 \stackrel{\backslash 5}{=} \cdots$$

とも書ける．

昨日の午前 10 時は，今日の午前 10 時と，24 時間を「法として等しい」などと言ってもよいのだ．また，授業の時間割から言えば，水曜日は水曜日，それが 4 月の 12 日だろうと 19 日，あるいは 26 日だろうと，全く同じことなのである．たとえ月日が変わっても，曜日が同じなら授業の時間割に関する限りイコールだという点を強調するのが，「法として等しい」という表現になっていると理解しよう．身の回りにも，何かが繰り返して起こる例はたくさんある．そういう場合を数学的に表現する方法で**同値類**ともよばれる．たとえば，4 月の 12 日，19 日，26 日は授業の時間割に関する限り同じ同値類に属する，という具合である．

(1.25) と同じような関係だが，

$$(n-1)^{n-1}Z_n \stackrel{\backslash n}{=} Z_n \tag{1.26}$$

---

*この記号もここだけのもの．普通は $12 = 2 \pmod 5$ のように書く．

14

したがって
$$(n-1)^{n-1} \setminus n = 1 \tag{1.27}$$
という関係は，n が素数であってもなくても成り立つ（したがってこの関係式は，素数の判定には利用できない）．

　問題 1.7　(1.26) あるいは (1.27) を，$n=3$ および $n=8$ について確かめてみよ．

1.3.3　ユークリッドの互除法

　直接剰余算ではないが，やはり余りが活躍する計算法として**ユークリッドの互除法**（Euclid algorithm）とよばれる計算法がある[*]．2 個の整数 $a > b$ の最大公約数 GCD を求めるには，基本的に素因数分解をすればよいのだが，大きな数になると素数を求めるには大変な時間を要することになる．そんな場合，ユークリッドの互除法が便利である．まず実際のやり方を示そう．

　$a = r_0$，$b = r_1$ と書いておく．$r_0 > r_1$ だから r_0 を r_1 で割り，その商を q_0，余りを r_2 と書く．
$$r_0 = q_0 r_1 + r_2 \tag{1.28}$$
余りの基本的な性質から，
$$r_2 < r_1 \tag{1.29}$$
である．もし割り切れたら簡単で，$r_2 = 0$ である．この場合，1 回目の割算で割り切れた，という．しかもこのとき，r_1 が r_1 で割り切れることは当然だから，r_1 は r_0 と r_1 の公約数である．さらに r_1 より大きい数で r_1 が割り切れるはずもないので，この公約数は GCD でもある．こうして
$$\text{GCD}\{r_0, r_1\} = r_1 = b \tag{1.30}$$
である．

　もし割り切れなかったら，次のように進む．
$$r_1 = q_1 r_2 + r_3 \tag{1.31}$$
この式は (1.28) で，添字を 1 だけ進めたものになっている．(1.29) と同様に（添字を 1 だけ進めて），
$$r_3 < r_2 \tag{1.32}$$

---

[*] アルゴリズムとは計算方法，計算手続き，あるいは算法といった意味で，最近は特にコンピューターの分野でよく用いられている語だが，元来は中世ののアラビアの数学者アル・ファリズミの名前から来たものといわれている．

となる.

　もし割り切れたら, 前と同様で, $r_3=0$ で, かつ GCD$\{r_1,r_2\}=r_2$ である. もし割り切れなかったら同様に進む. すなわち添字をさらに 1 だけ進める. これを,「割り切れる」まで続ける. $k-1$ 回目ではまだ割り切れず, k 回目でついに割り切れたとする. すなわち

$$r_{k-1}=q_{k-1}r_k+r_{k+1} \quad \text{ただし} \quad r_{k+1}<r_k \tag{1.33}$$

で $r_{k+1}=0$, つまり

$$r_{k-1}=q_{k-1}r_k \tag{1.34}$$

となったとする. このとき最後の余り r_k が求める GCD なのである ((1.31) は $k=2$, つまり 2 回目の割算. ここで割り切れたら $r_{k+1}=r_3=0$ で, GCD$=r_2$ という例).

　なぜそうなるのか, 考えてみる. まず (1.28) において,

$$\text{GCD}\{r_0,r_1\}=\text{GCD}\{r_1,r_2\} \tag{1.35}$$

である. なぜか. 式を簡単にするため

$$\text{GCD}\{r_0,r_1\}\equiv D$$

と書こう. (1.28) の両辺を D で割る.

$$\frac{r_0}{D}=q_0\frac{r_1}{D}+\frac{r_2}{D} \tag{1.36}$$

r_0/D も r_1/D もともに整数であるから, (1.36) から r_2/D もやはり整数でなければならないことになる. すなわち r_2 はやはり D で割り切れる. したがって D は r_1 と r_2 の公約数である. しかし最大公約数だろうか. そうではなく, もっと大きな数 $D'>D$ があって, それで r_1, r_2 をともに割り切れるとしてみよう. そうして (1.28) の両辺を今度は D' で割ってみる. つまり (1.36) で D を D' に置き換えた式を考える. D' は r_1, r_2 をともに割り切るのだから, 右辺は整数となる. したがって左辺の r_0/D' も整数でなければならない. これは r_0 と r_1 の公約数として D よりも大きなものがあるということになり, はじめの仮定に反する. このように, 背理法によって, D は r_1 と r_2 の最大公約数でもあること, したがって (1.35) が証明された.

　ところが, 同じことは (1.31) についても言える. つまり

$$\text{GCD}\{r_1,r_2\}=\text{GCD}\{r_2,r_3\}$$

明らかに, これは添字を進めて行っても成り立つので, 結局

$$D=\text{GCD}\{r_{k-1},r_k\} \tag{1.37}$$

となる. ところで (1.34) は (1.30) と同じ意味で,

$$\mathrm{GCD}\{r_{k-1}, r_k\} = r_k \tag{1.38}$$

であることを表している．(1.37) と (1.38) とから，

$$D = r_k \tag{1.39}$$

となる．これが求める結果である．

| 問題 1.8 | ユークリッドの互除法によって，次の数の最大公約数，および最小公倍数を求めよ．

$$\{315, 825\}, \quad \{297, 338\}, \quad \{414, 2040\}$$

| 問題 1.9 | 最大公約数をユークリッドの互除法によって求める場合を，流れ図によって書き表せ．

1.4 暗号

　整数というありふれた数を議論する「整数論」は古い歴史をもつが，あまり華々しい学問分野とは言えなかった．ところがコンピューター時代になって，新しい意味の暗号（cryptography）のための手段として，にわかに注目を集めることとなった．

1.4.1 暗号の鍵

　暗号の歴史は古く，実に多くの方法が試みられたが，たとえばこんなのもある．話を簡単にするために英語の文章を人に見られることなく誰かに届けたいとしよう．たとえば

i love you.

という文章を送るとする．今は簡単のために，すべて小文字で表すこととする．
　2千年前，ローマのジュリアス・シーザーは，これを

n qtaj dtz.

とした．これは元の文の各文字を，アルファベットの順で5個先の文字にずらしたものである．順序は**循環的**と考える．たとえばyの次には，zabcde…のように並ぶと考える．この場合，「ずらし」という操作を**暗号方式**とよび，5文字先の5という数字を**鍵**（key）ということにする．鍵を7にすれば，

p svcl fvb.

となる．
　これは，今から見れば，かなり簡単な暗号である．たとえば，暗号文を見ていて，最初の離れた一文字はiだろうという推察ができるかもしれない．そうすると鍵は5だろうということになり，残り全文がたちどころにばれてしまう．そうでなくても，1文字ずらし，2文字ずらし，としらみつぶしに26までやってみて

も，そんなに手間はかからない．もうすこし手の込んだ方法がないだろうか．

たとえば，アルファベットを次のような対応表に従って置き換える（上の段の文字を直下の文字で）．

abcdefghi	jklmnopqr	stuvwxyz
pxncibqrw	ukmafgzjo	ytshlevd

これによって，i love you を暗号化すると，

$$\text{w mghi vgs.}$$

となる．復号するには，この表を下から上へ，逆に使えばよい．

このような方式を**単文字変換方式**と言い，上の対応表は「暗号表」などともよばれ，ずっと秘密めいてきた．これならシーザーの暗号よりはむずかしいが，鍵である暗号表はかなり「重い」ものとなる．この方法は，推理小説などにもよく登場した．たとえばポーの「黄金虫」やホームズの「踊る人形」などが有名な例である．これらの物語では，暗号文だけを見て，いかにして鍵を見破るか，その推理のおもしろさが興味の焦点である．

しかし，最近のコンピューターでの利用を考えると，普通の文章をまず数字にすることが多い．一番簡単なのは，アルファベットに2桁の数字を対応させることである．aには番号01を，bには番号02を，というふうにしてzには26を対応させる．大文字，小文字はいまのところ区別しない．このほかにピリオドには27，空白には40を対応させよう．そうすると上の文は

$$M = 0940121522054025152127$$

となる．これ自体は暗号ではない．書き換えの規則は誰でも知っているものにすぎない．その意味で，元になる文を**平文**（plane text）といい，Mという記号で表そう．この場合22桁の数字となる．上に述べた対応表が理解されていれば，これからアルファベットに戻すところには，特に問題はないとする．また，数字列をたとえば10桁ごとに分ける，などの操作をするのが普通である．

上の例で具体的にいえば，左の端から10桁ずつで切ると，

    0940121522   0540251521   2700000000

のようになる．右端では2桁だけが残ったのだが，後に0を8個付けたして，全体としてやはり10桁になるようにした．この10桁毎に以下に述べるような暗号化の手続きを施す．このようにすればどんなに長い文章でも，同じように取り扱えるようになる．

しかし，ここでの議論は原理だけを理解することを目標にするので，思い切って簡単にして，全体として4桁の数字を扱うことにする．たとえば，

$$M = 5328$$

とでもしておこう.

さて，本質的にシーザーと同じ，「ずらし」を暗号方式として採用する．そこで暗号の「鍵」として，何でもよいのだが，とりあえず

$$k = 6934$$

という数字を用意する．**暗号文** C は，

$$C = M + k \tag{1.40}$$

のようにして作ることにする．ただし，足し算の場合，普通のように「桁上げ」は**行わない**とする．そうしないと，足し算の結果，全体の桁数が増えてしまい，不便となる．このような変則的な足し算でも，暗号としては十分役にたつことがすぐにわかる．

実際には，

$$\begin{array}{r} M = 5328 \\ k = 6934 \\ \hline C = 1252 \end{array} \; (+$$

のようになる．この C を相手に送る．途中で誰かにみられても，鍵 k の中身を知られなければ，元の M が何であるかはわからない.

次に受け取った人は，C から k を引けばよい．すなわち

$$M = C - k \tag{1.41}$$

この場合も桁下がりはしないものとする．

$$\begin{array}{r} C = 1252 \\ k = 6934 \\ \hline M = 5328 \end{array} \; (-$$

このようにして，元の平文 M が復元された．この操作を**復号化** (decode) とよぶ．順序が逆になったが，もちろん暗号化 (encode, encrypt) という言葉もある．

この方式でだいじなことは，鍵 k を発信者，受信者が共有することであり，また当然それが秘密にされていることである．ところが最近，まったく異なった原理の暗号が実用化されるようになった．それは**公開鍵暗号**とよばれるもので，特にコンピューターネットワークの上でのプライバシー保護，秘密保持（security）に用いられる．その原理について簡単に説明しよう．

前に述べた暗号のやり方を維持するには，暗号をやりとりする二人，または数人のグループの間で，同一の「鍵」をもっていなければならない．その意味で，このやり方を「共通鍵」の方法とよぶこともある．もちろん，それは他の誰にも

漏らしてはいけない．こういう方法は，スパイとか軍事機密とか，あるいは企業秘密に関する場合には何とか役にたつ．しかし，最近コンピューターが広く使われるようになってみると，こういう方法ではけっして十分ではないことが明らかになってきた．

たとえば e-mail や web で買い物をしたいとする．支払いにはクレジットカードを使うのが便利である．しかしクレジットカードの番号を同じ方法で販売元に知らせるのは危険であると言われている．つまり，電話と違って，インターネットは二人をつなぐ専用線ではなく，いわば通信の「公道」を通って情報が伝えられる．その途中でカード番号が誰かに見られてしまう可能性はけっして低くない．したがって，番号を暗号化して送る必要がある．

ところが，こういう取引は，決まった相手どうしの間ではなく，いわば不特定多数の人が関与して行われる．あらかじめ暗号の鍵をもっていない人を対象としている．だから，カード番号は他の手段，たとえば電話とかファックス，あるいは手紙などによって別途，入手しなければならない．これでは不便であり，インターネットショッピングはあまり普及しないだろう．これが会社どうしの間の取引となると，もっと深刻である．

このような事態に呼応して，「公開鍵」という方法が考えられた．販売元は，商品の広告とともに，注文する場合にはこの鍵を使って下さい，と言って web のページにその鍵を載せておく．もちろん誰でも見られる．これが「公開」の意味である．しかしこの鍵は，暗号を「作る」ための鍵であり，その鍵で暗号を「戻す」ことはできない．したがって，インターネットで暗号化された情報が，もし途中で見られたとしても，見た人がもとの情報を知ることはできない，というわけである．前に述べた単純な鍵ならば，盗んだ暗号文から，その鍵を引き算すれば平文に戻せたのだが，新しい鍵は，逆方向には働かない．そういう意味で，**一方向性**をもった鍵ともよばれる．そんなうまい鍵がそもそも作れるのだろうか．それが要点である．

1.4.2　RSA 方式

1978 年，3 人の数学者リベスト（R. Rivest），シャミア（A. Shamir），エーデルマン（L. Adelman）が具体的な方法を発表した．3 人の名前をとって RSA 方式とよばれるこの方法を，非常に簡単化した場合について説明しよう．いくつかのルールに基づいているので，箇条書きにして示そう．

1) 素数を 2 つ選ぶ．それを p,q とする．そして

$$N = pq \tag{1.42}$$

を定義する．

2) 次の式によって L を定義する．
$$L = \text{LCM}\{p-1, q-1\} \tag{1.43}$$
さらに L と互いに素な数 e を1つ選ぶ．互いに素とは，素因数分解した場合，共通な素数が1つも含まれないことを意味する．したがって，
$$\text{GCD}\{L, e\} = 1 \tag{1.44}$$
である．この場合
$$Lc + ed = 1 \tag{1.45}$$
を満たすような整数 c, d が存在する．

3) 平文 M から暗号化された文 C を作る鍵は，
$$K_+ : \quad C = M^e \setminus N \tag{1.46}$$
で与えられる．この N と e の値が公開される．もちろん，(1.46) の K_+ が使われるということは当然の前提である．

4) 次に暗号を解いて平文に戻す鍵は，
$$K_- : \quad M = C^d \setminus N \tag{1.47}$$
である．この式が正しいことを示すことは，あまり簡単ではない．計算の複雑さをいとわない読者は，付録1.1を見てほしい．しかし，この方式で最も重要なのは，d が公開されていないことである．公開された N と e だけからは，d を知ることがほとんど不可能である．販売元だけがこの d を知っている．

問題 1.10 次の数と互いに素な数を，それぞれ3つ以上求めよ．
$$26, \quad 336, \quad 550$$

簡単な実例を作ってみよう．ただし簡単すぎて，全く実用にはならない．しかし，これで原理がわかれば，後でどうすれば実用になるかも理解できるだろう．
$$p = 3, \quad q = 11 \text{ とする．したがって } N = 33$$
また
$$L = \text{LCM}\{2, 10\} = 10$$
となる．これと互いに素な数として，たとえば
$$e = 7$$
と選ぶことができる．

(1.45) を満たす c, d は，今の場合は目の子でもなんとか求めることができる．
$$c = -2 \quad \text{および} \quad d = 3$$

さて，全く簡単すぎるが $M = 3$ としてみる（1桁とは，それにしても簡単すぎる！）．(1.46) によると，

1 整　　数

$$C = 3^7 \backslash 33 = 2187 \backslash 33 = 9$$

となる．これが暗号文である．

次に（1.47）によると，

$$M = 9^3 \backslash 33 = 729 \backslash 33 = 3$$

となることが確かめられる．たしかに元の文 $M = 3$ が再現された．この段階では，復元が困難，あるいは不可能とはとうてい思えないだろうが，次にその点を議論する．

問題は，復号化の鍵，（1.47）での d が公開されていないことにある．この d

懸賞問題

リベストが実際に懸賞問題として 1993 年，米国の科学雑誌 Scientific American 誌上に出した問題と解答は次のようなものだったという．

暗号鍵　：　$e = 9007$

$N =$ 1143816257578888676692357799761466120102182
9672124236256256184293570693524573389783059
71235639587050589890751475992900268795435415

暗号文　：

9686961375462206147714092225435588290575999112457431987469512093081629822514570835693147
662288398962801339199055182994515781515

この暗号鍵 N は 129 桁の数だが，リベストは当時，この数を素因数分解するには 50 年ぐらいかかるだろうと予測していたのだった．ところが，レンストラに率いられたグループは，N を素因数分解するという正攻法で，みごと暗号文を解読したのだった．ちなみに，平分（元の数字列）は，

200805001301070903002315180419000118050
0191721050113091908001519190906180107058

この数字列は，01 を A，02 を B，……，26 を Z，さらに 00 を空白として英文に直すと，

THE MAGIC WORDS ARE SQUEAMISH OSSIFRAGE

（マジックワードは内気なヒゲワシ）

となるそうである（太田和夫，黒澤馨，渡辺治，情報セキュリティの科学，講談社ブルーバックス（1995）より引用）．

は (1.45) によって定められるが，それは結局素数 p, q によって与えられる．この p, q が秘密にされている．それでも積 $N=pq$ が公開されているのだから，N を素因数分解すれば p, q はわかるはずだ．実際 $N=33$ くらいの数ならば，答えはすぐに出せる．しかし，たとえば $N=943$ が 41×23 であることを見いだすのはそう簡単ではない．原理的には 943 までの素数を全部あたってみなければならない．エラトステネスのふるいで計算するには $\sqrt{943}\approx 30$ 回まで調べればよいが，1 回 5 秒かかるとして 2 分半くらいはかかる．手計算では，実際にはこれではすまないが，コンピューターならほとんど瞬間にできる．ところが，N が 20 桁，30 桁となってくると，たいへんな時間がかかることになる．素因数分解ができた数の，現在までの最高桁数は 129 で，これは数百台のスーパーコンピューターを 8 ヵ月使い続けて得た結果である．この実験的な試みに従事した研究者は 600 人であった．実はこれは懸賞問題として解かれた．p.22 の引用を参考にしてほしい．RSA 方式の実用化においては，N として 155 桁の数を使うことが計画された．

　こういうわけだから，たとえば N として 100 桁の数を使うことにすれば，事実上素因数分解は不可能で，したがって d を求めることはできず，暗号はほぼ絶対に見破られることはない，と言ってよい．これが公開鍵方式の暗号のすぐれた点である．(1.46) における「関数」K_+ と (1.47) における K_- とは互いに**逆関数**である．$C=M+k$, $M=C-k$ ももちろん逆関数となっていた．この場合，逆関数はすぐにわかってしまう．これに対して RSA 方式では，逆関数がほとんど求まらない，ということであり，**一方向関数**とよばれることもある．あるいは，trap-door function（落し戸関数）という名前も使われている．くぐり戸の入り口を入ったら，後で戸がパタリと落ちて閉まってしまい，押してもたたいても開かない．完全に退路を断たれてしまう，という意味だろう．日本流にいえば，「ゆきはよいよい，帰りはこわい」ということになろうか．

　もう 1 つ付け加えておくと，素因数分解の方法自体も進歩を遂げつつある．1992 年に見いだされた「数体ふるい法」によると，単純なエラトステネスの方法よりもはるかに短時間で答えが出るといわれている．その詳細については述べないが，先に述べた懸賞問題に対しては，この方法が用いられた．ただ，どんなに計算技術が進歩しても，計算時間が数とともに飛躍的に増すという特徴は変わらないと考えられている．その意味で，公開鍵方式の暗号としての価値は，当分揺るがないだろう．

　ついでだが，50 桁の素数を見いだすのにはたいへんな時間がかかると言ったが，それでは p,q を用意するのも結局はむずかしいのではないか，という疑問が

1 整　　数

生ずるかも知れない．しかし，素数そのものはいくらでもころがっている．そこで 50 桁の数を適当に決めて，判定条件（1.19）（およびその補強）を使って素数を選び出すのはさほどむずかしくないのである．そうやって作った N を素因数分解するのがたいへんなのである．手の内を見せない手品のようなものであろうか．

1.4.3 電子的な署名

このような一方向関数のもう 1 つの利用法として，**認証法**というのがある．つまり，自分は確かに藤井である，ということを他人に認めさせる方法で，普通は顔なり声なりで，認めてもらっている．法律的な問題や契約などになると，はんこや署名でそれを行うことになるが，考えてみるとずいぶんいい加減でもある．指紋などはもっと確実な方法だし，最近は遺伝子を使って犯人を割り出すこともある．話が突然犯罪に及んでしまったが，少し違った方法もある．たとえば殺人事件でも，自白（これも認証の一方法だが）が頼りにできない場合もある．しかし，自白であっても，本人しか知り得ない事実が含まれると，決定的な証拠となる．たとえば，死体を隠した場所などがそうである．この場合，殺人事件の他の部分についてはほとんど自白がなくても，決定的な証拠となる．

これと同様で，どうみても本人しか知り得ないことを知っているぞ，ということを示せば，相手は自分が偽物でないことを信用してくれる．そういうものがあれば，実際にはインチキが可能な印鑑や，署名などよりずっとましな認証法となる．ましてコンピューターの上での商取引などの場合には，こういう方法がすぐれており，**デジタル署名**（digital sign または e-sign）などと名づけられている．これも上に述べた，一方向関数を使えば可能となる．

たとえばきみは RSA 方式で，$N=33$，$e=7$ を使っていることを公開しているものとしよう．このデータは，市役所に登録してある．ちょうど印鑑証明みたいなものだが，だれでもインターネットで市役所にアクセスして，それを知ることができる，というところが新しい点である．

ところできみが家を買うとか，何かの契約をするとしよう．相手はきみが正真正銘のきみである証拠がほしい．今までならば，はんこなり，サインなりでそれを保証していた．今度は，きみに何か自分で書いた文と，それを「公開鍵」で見られるようにした暗号文とを揃えて提出してほしい，と要求する．そこできみは，たとえば平文として $M=3$ を選び，これに（1.47）で与えられている K_- を働かせて暗号文 C' を作る．K_+ でないことに注意．K_- は公開されておらず，きみだけしか知らないのだ．以前は，これを復号化に使ったのだが，K_- を使っても暗号

は作れるのだ．実際にやってみよう．
$$C' = 3^3 \setminus 33 = 27 \setminus 33 = 27$$
　できたら，M と C' を並べて相手に送ってやる．そして，公開されている鍵 $N = 33$ と $e = 7$ を使って C' を復号してみることを要求する．そこで相手は，
$$M' = 27^7 \setminus 33$$
を行ってみる．この計算は少しめんどうなので，詳しくやってみる．
　まず
$$27^7 = (3^3)^7 = 3^{21} = 3^{20} \times 3 = (3^4)^5 \times 3$$
これより
$$\begin{aligned} M' = 27^7 \setminus 33 &= ((81 \setminus 33)^5 \times 3) \setminus 33 \\ &= (15^5 \times 3) \setminus 33 = ((15^2)^2 \times 15 \times 3) \setminus 33 \\ &= ((225 \setminus 33)^2 \times 15 \times 3) \setminus 33 = (27^2 \times 15 \times 3) \setminus 33 \\ &= ((729 \setminus 33) \times 15 \times 3) \setminus 33 = (3 \times 15 \times 3) \setminus 33 = 135 \setminus 33 = 3 \end{aligned}$$
を得る．すなわち，もとの文 $M = 3$ に戻った．K_+ を使って戻ったということは，C' が K_- を使って作ったものであることを示す．その K_- はきみだけが知っている秘密だ．だから，きみはほんとうに市役所に登録してあるきみなのだと信用してもらえることになる．結局，きみの秘密の鍵そのものを見せることはなく，その秘密の持ち主であることだけを相手に納得させたのである．これが一方向性関数を使う認証法の例である．

　問題1.11　上に述べた計算を，$M = 5$ の場合について試してみよ．

　ただ，暗号も電子署名も，実際に使う場合に利用者が素因数分解を意識したりする必要はないようになっている．公開鍵は，たとえばインターネットの広告に「埋め込まれて」いるので，きみがいちいち操作する必要はない．すべては自動的に処理されてしまう．しかし公開鍵だから，ことによると盗まれるおそれがないわけではない．それでも構わないのである．ただ現状では種々の実際的な制約から，従来の共通鍵方式と組み合わせて使われているとのことである．それでも，目に見えない中心的な部分で毎回，たとえばクレジットカードの番号を送る場合，いつもこういう整数の計算が高速で行われていることを憶えておこう．

1.5　2 進 数

　われわれが最もよく使うのは 10 進数（decimal）である（次頁）*．すなわち，もとになる 10 個の数として 0 から 9 までを用い，10 を越える毎に桁を 1 つ上げて行く．このような方法を 10 進法ともいう．10 という数は多分，指の数からき

1 整数

ているのだろう．

しかし歴史的には5進法や12進法もよく用いられた．たとえばローマ数字では I(1), V(5), X(10), L(50), C(100) などが使われ，10進法で1から14までの数は I, II, III, IV, V, VI, VII, VIII, IX, X, XI, XII, XIII, XIV のように表される．完全な5進法ではなく，1と10の中間の単位として5 (V) を入れたという感じである．筆算としてはあまりうまく使えない．また12進法の例としては時計，年間の月のよび方をあげることができよう．

しかし最近では，コンピューターに関連して2進法 (binary) が再び注目されるようになった．これは，理論的には最も単純化された数え方である．あまりに簡単で，かえって普通の使い方では便利さを欠く．しかし，先に述べたようにコンピューターで使われており，今は1つの「頭の体操」として，2進法を調べてみよう．

2進法のもとになるのは2つの数で，当然0と1である．最初は0で，もちろん10進法の0と同じである．次は1で，これも10進法と一致する．10進法の2に相当するのは，1つ桁を上げて10，次の数は11で，これは10進法で3である．このようにして続けて行くと表1.1のようになる．

表 1.1 10進数の2進数での表し方

10進数	2進数	10進数	2進数
0	0	11	1011
1	1	12	1100
2	10	13	1101
3	11	14	1110
4	100	15	1111
5	101	16	10000
6	110	17	10001
7	111	…	…
8	1000		
9	1001		
10	1010		

---

* （前頁） dec は10を表す．一方 December のように12を表すようにもみえる．これは45 BC，ジュリアス・シーザーが「ユリウス歴」を導入したとき，それまでの暦の不合理性を修正するために，7月，8月を臨時に挿入したことによる．それがジュリアスにちなむ July と，その息子のアウグスティヌス（オクタビアヌス）にちなむ August だったのである．そのため，本来10を表した dec が12に押しやられた．ちなみに September, October, November の sept, oct, nov は，本来それぞれ7, 8, 9を表す．

1.5 2 進 数

たとえば 1100 が 2 進数を表し，10 進法での 1100 ではないことをはっきり表すために，1100b のように，最後に b という文字を付けることもある．逆に 10 進数であることをはっきりさせるためには，最後に d をつけるとよいだろう．たとえば，すぐ上の例では 1100b = 12d という具合である．

とにかく，このように並べて行けば，どこまでも行けるが，もう少し一般的な法則を見つけてみよう．たとえば 4 は 2^2，8 = 2^3，16 = 2^4 である．それらは，したがって 2 進法ではそれぞれ 3 桁，4 桁，5 桁の最初の数で，したがって 100，1000，10000 と表せるのである．ちょうど 10 進法では 100 = 10^2，1000 = 10^3 というのに対応している．

> 問題 1.12　2 進法で 100001，100010，11111，11110 と表される数を，10 進法で表せ．

1.5.1 足し算

10 進法では 3 + 5 = 8 であるが，これを 2 進数の足し算として系統的に行う方法がある．まず 1 桁の足し算を調べる．あり得るのは次の 4 通りである．

$$0 + 0 = 0, \quad 0 + 1 = 1 + 0 = 1, \quad 1 + 1 = 10 \tag{1.48}$$

最初の 3 つについては，ほとんど問題はないが，最後のものでは「桁上がり」がある．言い換えれば，始めの 3 つにおいてはそれがない．そもそも足し算は，その桁の数（これを「和」とよぶことにする）と桁上がりの数と，これら 2 つの数を作り出す操作だと認識しよう．慣れ親しんだ 10 進法の例でいうと，たとえば 5 + 8 = 13 の場合，3 が「和」，1 が「桁上がりの数」である．とにかく，図にすると，

1 整　数

```
数2 ──┐
      ├─→ 加算装置 ──→ 桁上がりの数
数1 ──┘            └─→ 和
```

　この「加算装置」(adder)は，2つの数，数1と数2を「入力する」(input)と，「和」と「桁上がりの数」という2つの数を「出力する」(output)「装置」であるとみなされる．この装置の内部で実際に行われることを，2進法に関してもう少し詳しく見よう．
　まず桁上がり数については，入力する2つの数がともに1の場合のみ1という簡単な規則になっていることがわかる．そういう「選別」をする AND gate という「門」(gate) を考える．すなわち

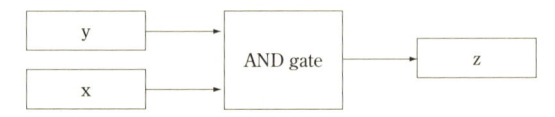

```
y ──┐
    ├─→ AND gate ──→ z
x ──┘
```

において，

$$x = y = 1 \text{ ならば } z = 1$$
$$\text{それ以外ならば } z = 0 \qquad (1.49)$$

とする．これに AND という名前をつけるのは，1かつ1の場合に「開く」，すなわち1となる，という意味だからである．
　次に「和」については OR gate という選別の門を使う．これは1または0のときに「開く」，すなわち1という値を出力するものである．すなわち

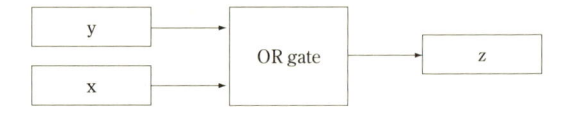

```
y ──┐
    ├─→ OR gate ──→ z
x ──┘
```

において，

$$x \text{ または } y = 1 \text{ ならば } z = 1$$
$$\text{それ以外ならば } z = 0 \qquad (1.50)$$

という機能をもつものとする．x, y, z としては0または1しかないのだから，上の条件は，

$$x = y = 0 \text{ ならば } z = 0$$
$$\text{それ以外ならば } z = 1 \qquad (1.51)$$

という表現にすることもできる．
　ところで2つの数を OR gate に入力すると，2つの数が 0, 0 の場合は0を与え，1, 0 または 0, 1 の場合は1を出力し，「和」の値として正しいものになっているが，

1.5 2 進 数

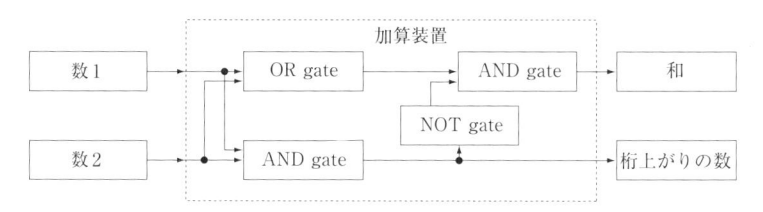

図1.2 加算装置．

1, 1 の場合にも 1 を出力し，「和」として正しい値 0 とは一致しない．しかしこの場合には（この場合に限り）桁上げの数が 1 である．そこでもう 1 つの「門」として NOT gate を導入する．これは，

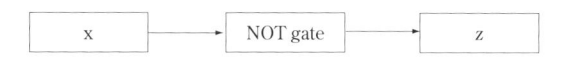

において，
$$x=0 \quad \text{ならば} \quad z=1$$
$$x=1 \quad \text{ならば} \quad z=0 \tag{1.52}$$

とするような装置である．言い換えれば，入力した数 x を，それとは違う値の z に変える操作だといってもよい．

これらを用いて加算装置の中身を図 1.2 のように書いてみる．

1+1 の場合には第 1 の AND gate の出力は 1，したがって NOT gate の出力は 0 となる．一方 OR gate の出力は 1 なので，第 2 の AND gate を通過すると 0 となり，正しい和の答 0 を得る．他の場合はどうだろうか．0+0 および 0+1，1+0 の場合，第 1 の AND gate の出力はともに 0，したがって NOT gate の出力は 1 である．一方，OR gate から出てくるのは 0+0 の場合に 0，0+1，1+0 に対しては 1 で，したがって第 2 の AND gate の出力は，それぞれの場合 0 および 1 となり，正しい答になっている．

たいへん複雑のようにもみえるが，コンピューターに行わせる演算の方法としては，実はきわめて簡単である．それは，上に述べたように，3 種類の gate の働きですべてが実行されるからである．AND，OR，NOT はいずれも**論理演算**とよばれ，**ブール代数**（Boolean algebra）という数学的体系の一部となっている．

上の場合には 1 と 0 を扱ったが，そのかわりに真と偽（true and false）として考える場合も多い．AND という**演算**（操作といってもよい）は，2 つのことがらが**ともに**正しい場合のみ OK という操作で，次のような図で表すことが多い．

1　整　　数

	t	f
t	t	f
f	f	f

(1.49) と同じ内容であることがわかる．一方，OR 演算は 2 つのことがらのうち，**どちらかが**真であればよろしいというもので，

	t	f
t	t	t
f	t	f

という形に書くことができる．これも（1.50）または（1.51）と同じ内容である．

　これらがコンピューターにとって特に便利なのは，このような動作をする電気回路が非常に簡単に作れることである．AND については，次のような**直列**スイッチ（serial switching）でこの働きをさせることができる．

この場合，両方のスイッチが**ともに** on になっていてはじめて電流が流れる．あるいは，1 本の道路の上に，関所の門を 2 つ続けて配したと思ってもよいだろう．両方の門がともに開いていなければ通れない．

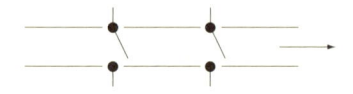

　これに対して OR gate のほうは，**並列**スイッチ（parallel switching）を用いればよい．

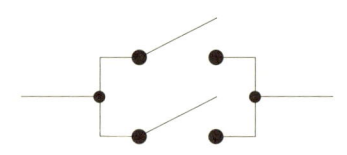

関所の例にすると，

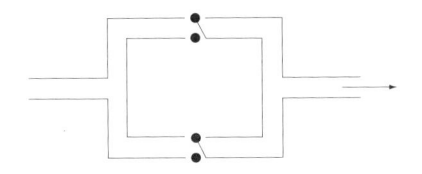

両方でなくても，北門**あるいは**南門さえ開いていれば無事通過できる．これが OR の意味である．

実際のコンピューターの中では，機械的なスイッチではなく，半導体がその役割をする．全く電気的な方法で動作するので故障が少なく，迅速で小さい．このような特徴があるので，コンピューターでは2進法が用いられる技術的な理由となっている．しかし，上に述べた方法を2桁以上の2進数に適用するには，桁上げをうまく処理する方法が必要になるが，根底にあるのは，上に述べた1桁の数の足し算の繰り返しである．その筋道をこの本の記述に合うように，適度に簡単化した例を章末の付録1.2で示す．興味のある読者は読んでほしい．

次に，2進数の引き算について調べておこう．すなわち

$$z = y - x \tag{1.53}$$

の形の計算である．

1.5.2 引き算

例として3桁の2進数を考え，特に10進数で5-3=2という簡単な例を説明してみよう．2進法で書けば，

$$101 - 011 = 010 \tag{1.54}$$

という計算である．3や2は2桁ともいえるが，0を加えて3桁の形にしておく．だいじなことは，4桁以上の数は，今は除外しておくことである．結論としては次のような規則で**足し算**をすればよい．まず3を表す011において0と1を取り換え（100），最後に1を加えた数（101）を作り，これを3の「補数」と名づけ，$\bar{3}$ と記す．これはちょうど5dとなっているが，そのことはどうでもよい．とにかくこれを5d = 101bに**加える**．すると

$$101 + 101 = 1010 \tag{1.55}$$

となる*．これは4桁の数となってしまったが，最後に3桁の部分だけ取り出せばよい．すなわち010で，これは10進法の2を正しく表している．この規則を

---

*厳密には3桁の数の足し算で，付録1.2のやり方が必要になるが，今の場合は簡単で，答えはすぐに出るだろう．もう1つ，$\bar{3}$ はちょうど5dに等しいのだから，上の計算を一時的に10進数の足し算とみなし，5+5=10で，最後の10dを2進数に直して1010とした，と考えてもさしつかえない．

導こう．そのために少し一般的な表し方をしておこう．

一般的に 2 進法で n 桁の数を $b_{n-1}b_{n-2}\cdots b_1 b_0$ と書こう．$b_i(i=0,\cdots,n-1)$ は 1 か 0 で（こういう記法にも慣れよう），たとえば 10 進法で 11 に相当する 4 桁の 1011 では $b_3=1$, $b_2=0$, $b_1=1$, $b_0=1$ である．このとき $1\times 2^3 + 0\times 2^2 + 1\times 2^1 + 1\times 2^0 = 11$ となっている．ここで $2^0=1$ である（このことについては後でまた説明するが，今は，こう考えれば便利だな，ということがわかってもらえればよい）．これを一般化すれば，

$$x = b_{n-1}\times 2^{n-1} + b_{n-2}\times 2^{n-2} + \cdots + b_1\times 2 + b_0 \tag{1.56}$$

となる．

問題 1.13 10 進法の数について同じような式を書いてみよ．

問題 1.14 (1.56) に従い，2 進法の数 1010110b, 1111111b, 1000000101b を 10 進法で表せ．

3 桁の場合 $n=3$ で，したがって

$$x = b_2\times 2^2 + b_1\times 2^1 + b_0 \tag{1.57}$$

である．ここで x の**補数**（complement）というもの $\bar{x}$ を次のようにして定義する．

$$\bar{x} = 2^3 - x \tag{1.58}$$

ここで 2^3 のべき 3 というのは，今の場合，3 桁の 2 進数を考えていることに関係している．もし 5 桁の 2 進数を考えるのならば，$2^5=32$ とするのである．

さて (1.57) を使って，

$$\bar{x} = 8 - b_2\times 2^2 - b_1\times 2^1 - b_0 \tag{1.59}$$

ここで

$$8 = 1+7 = 1+1\times 2^2 + 1\times 2^1 + 1\times 1 \tag{1.60}$$

を代入すると，

$$\begin{aligned}\bar{x} &= 1 + 1\times 2^2 + 1\times 2^1 + 1\times 1 - b_2\times 2^2 - b_1\times 2^1 - b_0 \\ &= 1 + (1-b_2)\times 2^2 + (1-b_1)\times 2^1 + (1-b_0)\end{aligned} \tag{1.61}$$

となる．ここで $1-b_2$ は，もし $b_2=0$ ならば $1-0=1$, $b_2=1$ ならば $1-1=0$ となる．すなわち $1-b_2$ は b_2 を NOT gate に通した結果ということができる．

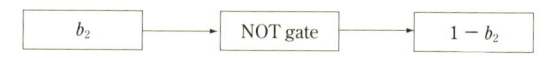

$$b_2 \longrightarrow \boxed{\text{NOT gate}} \longrightarrow 1-b_2$$

もちろん b_1 や b_0 についても同様である．こうして $\bar{x}$ はすべての b_i を逆のものにし，それに 1 を加えたものということがわかった．

問題 1.15 3 桁の 2 進数として，1 から 7 までの補数を求めよ．

問題 1.16 補数の補数はもとの数にもどることを，3 桁の 2 進数につ

いて証明せよ．

ところで，(1.58) から
$$-x = \bar{x} - 2^3 \tag{1.62}$$
なので，これを $z = y - x$ に代入すると，
$$z = y + \bar{x} - 2^3 \tag{1.63}$$
この右辺の最後の 2^3 は 1000b である．これを差し引くには 4 桁目の 1 を取り除けばよい．こうして 5-2 の例で示した処方が一般的に示された．同じことが何桁の 2 進数にでも当てはまることは明らかだろう．

ここでは補数という概念が有効であったが，この考え方そのものは，10 進数でもよく知られていて，特に目新しいものではない．たとえば $8-6=2$ という場合，6 の補数とは $10-6=4$ であり，これを用いてまず $8+4=12$ を計算し，答えの 12 の下の桁の 2 を取り出せばちょうど求める答え 2 になっている，という具合である．2 桁の数に拡張して $80-60=20$ を計算する場合，補数として $100-60=40$ を計算しておき，$80+40=120$ の下 2 桁をとればよい．単なる足し算の場合に，このような方法が特にすぐれているとは言えないが，とにかく補数とは何か，ということについてある種の理解にはなるだろう．2 進数の場合，補数を得るのに，表だった引き算ではなく Not gate を使えばよい，というのがみそだと言えようか．

以上のやり方から，マイナスの 2 進数を表す方法がわかる．つまり x をプラスの 2 進数とした場合，$-x$ は $\bar{x}$ と考えればよい．たとえば $-5 = -(101\mathrm{b})$ は $\bar{5} = 010 + 1 = 011$ と考える．ただこれは普通の意味では 3 を表している．そこで 2 進数の「符号」をつける．それは正ならば第 4 桁に 0 をつけ，負ならば第 4 桁目に 1 をつける．たとえば +5 は 0101b で，-5 に相当するのは $\bar{5} = 011$ の前に 1 をつけた 1011 であると約束する．これで矛盾のない計算ができることを見ておこう．たとえば
$$2 - 5 = (+2) + (-5) \rightarrow 0010 + 1011 = 1101 \tag{1.64}$$
最後の結果でいちばん左，もっと正確に言えば，あらかじめ考えられていた 3 桁のさらに左の桁にある 1 はマイナスを表す符号であり，したがって次の 101 は補数とみなせば $\bar{3}$ なのであり，10 進法の -3 を表すと解釈する．今の場合，3 桁の 2 進数に限られていることに注意．5 桁の 2 進数を考えるならば，6 桁目が 0 か 1 かで正負の符号を表す．一般には十分大きな桁を考えておけばよい．たとえば最高 25 桁の 2 進数を計算するときは，26 桁目を符号のために使うなどする．

繰り返しになるが，このような計算は，特に実例のように簡単な計算の場合，

1 整数

必要以上に複雑で長たらしいものと感じるかも知れない．しかし，コンピューターという「器械」にとってそういう点は問題とはならない．規則さえ正しければ，どんなに煩雑な作業もいとわないし，同じ形の作業パターンを教え込むのも困難ではない．これが人間の行為とは違う特徴であり，そういうプロセスの原理さえ理解しておけば，コンピューターを恐れる理由もなく，また逆に人間の思考力をどこに使えばよいかも明らかとなる．この節の説明も，そのような理解を深めることを目的としていることを，再度強調しておきたい．その意味では，ここで説明したような計算方法に習熟する必要はない．

問題 1.17 10進法で書かれた以下の計算を2進法で行え．最低の桁数，およびもう1つ上の桁数の数とみなしても行ってみよ．

$$4-6,\ 7-3,\ 2-3 \tag{1.65}$$

これまで足し算，引き算のみを考えてきたが，掛け算は足し算の繰り返し，割り算は引き算の繰り返しにほかならないことを思い出そう．たとえば $56 \times 3 = 56 + 56 + 56$ などである．また小数点をもつ数も，小数点以下が有限の桁数ならばいつでも整数に直すことができる．たとえば，56.32 は 100 倍して 5632 という整数にしておく．小数点以下が無限に続く場合も，適当な桁数で切って計算する．演算の結果において小数点をつけ直して，最終的な答えとする．このように，コンピューターでは，いつも整数の足し算と引き算を行っており，それがすべての基礎なのである．

1.5.3 10進数との関係

(1.56) で2進数を10進数で表すことができたが，逆に10進法で与えられている数を2進法で表すにはどうしたらよいだろうか．また例を考えてみよう．$x = 11$ の場合，これは $2^3 = 8$ よりは大きく，$2^4 = 16$ よりは小さい．したがって2進法での4桁の数で，$1b_2b_1b_0$ という形のはずである．下3桁の数を求めるには，まず 11 から $2^3 = 8$ を引く．残りは3である．これは $2^2 = 4$ よりは小さい．したがって $b_2 = 0$．また $2^1 = 2$ より大きいから $b_1 = 1$．3から2を引いた残りは1で，これは2進法でも1．すなわち $b_0 = 1$．こうして $x = 1011b$ という答が得られた．結局大きいほうから2のべき乗を引いて行くという操作を繰り返せばよい．p.26 に 17 までの表があるので，これを利用すれば少し簡単になる．たとえば，$x = 25$ ならば，これは $2^5 = 32$ より小さいから，5桁の数．そこで $b_4 = 1$ で，まず 25 から $2^4 = 16$ を引く．残りは9．上の表によれば9に対応するのは1001．したがって $x = 11001b$ となる．

問題 1.18 10進法の数 65, 100, 220, 257, 1024, 1030 を2進法で表せ．

このやり方を系統的に書くことができるが，それは付録1.3にあるので，余裕のある人は是非見てほしい．

1.6　16進数

いろいろな進法の数え方が可能ではあるが，コンピューターでは，特に2進法と16進法とが用いられる．2進法が便利なのは，もちろん2種類の数字，つまり0と1だけですべてを表すことができるからである．具体的には，スイッチのonとoffを並べるだけでよいことはすでに述べた．これは，装置としては最も簡単である．現在のコンピューターは，そういうわけですべて2進法を用いている．といってもほんとうに機械の内部だけのことで，人間が実際に数字を読んだり，入力する場合には，すべて普通の10進法に翻訳されて行うようになっている．また，そういう翻訳をするプログラムは，実は2進法の言葉で書かれているのである．

1.6.1　コンピューターにおける記憶

コンピューターがするのは計算だけではない．文章も作るし，映像，画像や音までも作る．しかしそのような仕事をする際の**命令**（command）や，いろいろな操作に関することも，実はすべて数字で表現されており，その数字がまた2進法で記述されているのである．たとえばコンピューターの画面に文字を写し出すときにも，コンピューターはいろいろな文字を，その「識別番号」に従って拾い出している．特にアルファベットや（文字としての）数字，それにある種の特別な記号は，8桁の2進数によって表されている．例をあげてみよう．

$$1 \rightarrow 00110001,\ 2 \rightarrow 00110010,\ A \rightarrow 01000001,\ Z \rightarrow 01011010$$

といった具合である．

このような識別番号があるということは，これらの文字や記号がある場所に整理保管されていることを意味する．ちょうど図書室の中の書棚に番号がつけられているようなものである．コンピューターに関する議論では，これらの文字はある場所に**記憶**されているという．1文字の記憶のためにコンピューターは8個の「箱」を用意している．

□□□□□□□□

1という文字ならば，これに

|0|0|1|1|0|0|0|1|

という数字が入っているのだと思えばよい．このように8個の箱からなる記憶場所を，8ビットの**記憶容量**があるという．1ビットというのは，0か1で表され

電算機＝コンピューター？

ここでは，記憶の棚の中から文字を拾い出してくるプロセスの中で，数字が使われていることを説明したのだが，ついでに，ではどうやってそれを画面で見せたり，さらには紙の上に印刷したりするかについても，もう少し話しを進めてみよう．画面や紙の上に字を書きつけるには，その場所の「座標」を与える．座標とはこの場合，水平方向の位置，つまり x 座標と垂直方向の位置，すなわち y 座標のことである．書式を決めると，最初の文字の x, y はどれだけということが指定される．文字そのものは，ある形の中に細かい点をびっしりと打つことによって作る．その形が，左右上下の大きさとともに，その字の記憶の棚に入っている．小さな点も座標で場所が指定されていて，順序に従って打たれ，全体として文字の形を作り出す．1つの文字を打ったら次の文字に移る．新しい座標の場所に移動して，新しい文字の細かい点の座標が再び打ち出される．このように，大小さまざまな点の座標が次々に与えられ，文字が連属して現れたり印刷されたりする．少し簡単化しすぎたかも知れないが，ワープロで文章を書くことも膨大な計算の結果であることが理解できるだろう．

絵を描いたり，写真を貼りつけたり，通信をしたり，あるいは音を鳴らしたりするのも，結局は計算なのである．その意味では，文字どおり計算器械なのであるが，利用する人間の側から見れば，いわゆる計算をしているという意識はどこにもない．そういう観点からは，「計算機」というよび名はふさわしくない．それにかわる名前として，日本語では「情報処理」という言葉も使われる．これに相当する英語として，information process という言葉がないわけではない．実は，脳の専門的研究の用語ではある．しかし，日本語のそれのように，きわめて一般的な意味で使われることはあまりないようである．かわりに，「コンピューター」が行うという意味で compute という．つまり，元来は計算するという意味の言葉が，無関係ではないが，かなり違った新しい意味でも使われるようになったのである．

このように同じ言葉が，そのままの形で別の意味をもつようになった例はほかにもある．たとえば，日本語の「断層」に相当するのは単に fault，つまり失敗，欠点などを意味するありふれた語に過ぎない．compute や computing も，まさにひさしを貸りて母屋を奪うような変遷を遂げたともいえよう．しかし日本語では，こんな場合，別の単語を作ることが多く，「情報処理」もそんな流れにあるのだろう．

ついでだが，日本の大学に多い「情報学科」という名称も苦労の造語である

らしい．1980年代，多くの大学でコンピューターを専門に教育，研究する学科ができるようになった．当事者は，できれば「コンピューター学科」という名前にしたかったといわれている．それまで（今でも？）コンピューターのことを，日本では電子計算機を意味する「電算機」とよんでいた．それならば「電算機学科」とすればよさそうだったが，研究者の間では，すでにコンピューターは電子「計算機」の概念を超えつつあることが強く意識されていた．一方当時の文部省では，カタカナの名称が許されるはずもなかった．そこで，コンピューターの理論的支柱の1つともなっていた，シャノン（C.E. Shanon）の情報理論（information theory）という言葉から，情報という語を選び出したということらしい．

　もちろん，情報という語がコンピューターとともに多く用いられることは確かである．現に情報技術（information technology）という言葉は，数年前IT革命という名で，世界を風靡したのであった．しかし特に米国では，「情報」という言葉は，必ずしも常に歓迎される言葉ではない．たとえば，日本語でよく使われる情報社会（information society）は，オーウェル（G. Owell）の小説「1984年」に描かれた，かつてのスターリン時代の全体主義社会を連想するものとして忌避された．そもそも日常の言葉として，informationは駅や観光地の案内板に現れるような意味で多用される．他方テレビのニュースで，「新しいinformationが入ったらお知らせします」という言い方を聞くことは少ない．アナウンサーが使うのはだいたいnews, reportまたはstoryである．またinformationは，もっぱら軍隊，警察，スパイ用語といった受け取り方も感じられる．これは米国の習慣ではあるが，日本語でも今や，コンピューティングというカタカナが定着しつつあるらしい．

る2つの何ものかを表す言葉であり，コンピューターで何かを定量的に表す場合の基本的単位である．**情報量の1単位**といってもよい．ビットbitは2進数(binary digit) から作られたコンピューター専用の人工語である．

1.6.2　ビットとバイト

　たしかに，すべてを0と1だけで表せることはよいことだが，人間の目からみるとたいへんだろっこしい．なぜそう感ずるのだろうか．それは，何と言っても「桁数」が多すぎるからであろう．p.35の例で言うと，数字1と2の違いは，始めから7番目になって始めて現れる．人間は，2種類だけでなく，もっとたく

1 整数

さんの文字を識別できる．そういうことを考慮して，コンピューターでは，16 進法（hexadecimal）がよく用いられる．つまり，16 種類の文字を数字として用いるのである．具体的に言うと，

表 1.2　10 進数の 2 進数，16 進数での表し方

10 進数	2 進数	16 進数
0	0	0
1	1	1
2	10	2
3	11	3
4	100	4
5	101	5
6	110	6
7	111	7
8	1000	8
9	1001	9
10	1010	A
11	1011	B
12	1100	C
13	1101	D
14	1110	E
15	1111	F

というようにする（表 1.2）．2 進法もついでに書いておいた．16 個の文字としては，0 から 9 までのアラビア数字のほかに，alphabet の A から F までを動員する．

16 進法で，上の表の少し後ろを書くと，

$$16 \to 10,\ 17 \to 11,\ \cdots,\ 254 \to \mathrm{FE},\ 255 \to \mathrm{FF},\ 256 \to 100$$

などとなる．

最後の 256 というのは，16^2 である．これは 3 桁の数字の最初である（10 進法で 3 桁の数字の最初は 100 で，これは 10^2，2 進法で同様なのは $2^2 = 4$ であることを思いだそう）．その 1 つ前は 255 で，それは 16 進法では 2 桁の数字の最後だから，「最後の文字」F が 2 つ並んだものとなる（10 進法で 100 の前の数字は 99）．

以前 2 進数で行ったように，16 進数であることを特に強調したければ，最後に h という文字をつければよい*．たとえば，17d = 10h のようにである．

---

*実際には x をつけることが多い．

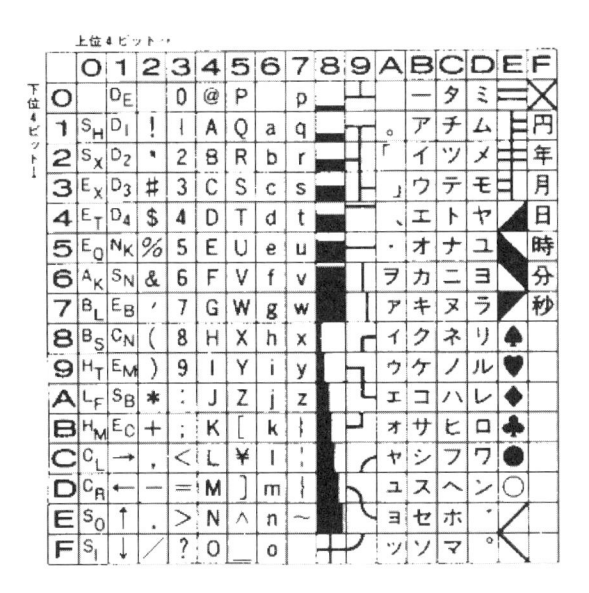

図 1.3　1 バイト文字.

問題 1.19　次の数字は 16 進法で表されたものとみなして，対応する 10 進法を書け．

1,10,11,20,21,A0,A1,A6,AA,B0,BC,F9,FA

問題 1.20　10 進法で 27，165，246 と表される数を 2 進数と 16 進数で表せ．

16 進法を使うと，p.35 で述べた 2 進数による文字の表現方法も少し見やすくなる．まず 8 桁の 2 進数を上位 4 桁と下位 4 桁に分ける．Z という文字の例で言えば，上位が 0101 で，下位が 1010 である．上の表によって，0101b は 5，また 1010b は 16 進数では A，となる．したがって Z は 5A という，2 桁の 16 進数で表されることになる．同様にして

$$1 \to 31, \quad 2 \to 32, \quad A \to 41, \quad Z \to 5A$$

などと，2 桁の数字で書かれ，このほうが普通の人間には見やすいだろう．さらに，図 1.3 のように「行列」の形で表すのが普通である*．

この文字の表現方法に限らず，8 bits は 1 つのまとまりとして使われることが

---

* 普通の行列の添字のつけ方とは順序が逆になっている．

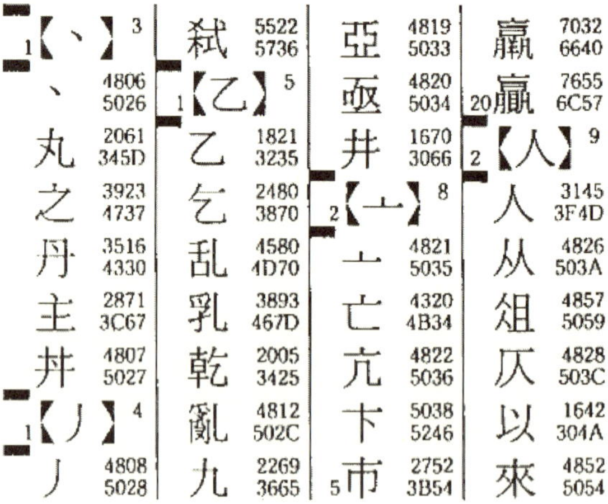

1　整　数

図1.4　2バイト文字．

多い．そのため，8 bits のことを 1 byte とよぶ[*1]．1つの文字を識別するために，あるいは記憶容量として 8 ビット = 1 バイトが必要なので，そのような文字を **1バイト文字**とよぶこともある．またこのような表現方法を，**ASCII**（American Standard Code for Information Interchange）**コード**という．またこれで表される文字，数字，記号をアスキー文字ともいう．8桁の2進数は $2^8 = 256$ 通りある．あるいは図1.3のように，$16 \times 16 = 256$ と考えてもよい．アルファベットなどは大文字，小文字合わせてもこれで十分間にあうが，漢字などを表すには不足である[*2]．漢字のためには1バイト文字2個分を使って16ビットが使われ，そのため **2バイト文字**（あるいは全角文字）ともよばれる．2バイト，つまり4桁の16進数で表せるのは $2^{16} = 16^4 = 65{,}536$ 通りである．図1.4は2バイト文字の一覧表の一部で，それぞれの文字の右下に書かれた4桁の数が，16進法の識別番号である．

|問題 1.21|　文字 M，P，b，f を ASCII code で表せ．また ASCII code で 78，40，5B，7A と表される文字は何か．

情報量，あるいはコンピューターの記憶容量はビット数で表されることを述べ

[*1] byte も人工語．bite とすると別の意味になってしまうので注意．また，ここで使う B と，16進数としての B とを混同しないようにしよう．

[*2] 日本工業規格 JIS では，最もよく使われる第一水準の漢字として 2965，その他に第二水準の漢字として 3390 種類を指定している．

たが，それが十分大きいときにはバイトで表現される．A4 1 枚に日本語で書くとだいたい 1000 字くらいになるが，その情報量は大体 2000 バイトということになる．これは 2 キロバイトとよばれ，2 KB と書く．しかし正確には 1 KB = 2^{10} B = 1024 B と定義されている．ここでも 2 進法の影響が強いのである．さらにその約 1000 倍，正確には 1024 倍を 1 メガバイト（MB）という．フロッピーディスクの記憶容量は，大体 1.4 MB，すなわち A4 の文章 700 枚分くらいに相当する．さらに 1000 MB = 10^6 B ≈ 2^{20} B，正確には 1024 MB を 1 ギガバイト（GB）とよぶ．最近のハードディスクの中には，300 ギガバイトのものもあるようになった．

付録 1.1 （1.47）の証明

$M < p$, $M < q$, したがって $M < N$ として，まず
$$M^L \backslash N = 1 \tag{1.66}$$
が成り立つことを示そう．そのためにまず $M^L \backslash p$ と $M^L \backslash q$ を計算する．L は $p-1$ と $q-1$ の LCM だから，適当な整数 u を使って $L = u(p-1)$ と書くことができる．したがって
$$\begin{aligned}M^L \backslash p &= M^{u(p-1)} \backslash p = (M^{p-1})^u \backslash p \\ &= (M^{p-1} \backslash p)^u \backslash p = (1)^u \backslash p = 1\end{aligned} \tag{1.67}$$
ここで，$M < p$ だからフェルマーの小定理を使った．同様に $M^L \backslash q = 1$ も得られる．そうすると，(1.15) によって $M^L - 1$ は p でも q でも割り切れる．ところで p, q はともに素数だから，結局 $M^L - 1$ は $N = pq$ で割り切れる．これにより，(1.66) が示された．

次に $C = M^e \backslash N$ として，(1.47) の右辺を計算してみる．
$$\begin{aligned}C^d \backslash N &= (M^e \backslash N)^d \backslash N = M^{ed} \backslash N \\ &= [M \times (M^{ed-1} \backslash)] \backslash N \\ &= [M \times (M^{Lc} \backslash N)] \backslash N \quad ((1.45) \text{ を使った}) \\ &= [M \times ((M^L \backslash N)^c \backslash N)] \backslash N \\ &= [M \times ((1)^c \backslash N)] \backslash N \quad ((1.66) \text{ を使った}) \\ &= M \backslash N = M\end{aligned} \tag{1.68}$$
となり，確かに M に戻った．最後の式で $M < N$ を使った．

1 整　　数

付録 1.2　桁数が多い場合の 2 進数の足し算

以下 3 つの例を示そう．

$6+3=9$

1)　　　　110
2)　　　　 11　＋）
3)　　　　　$\hat{1}$
4)　　　　 11
5)　　　　　1　＋）
6)　　　　 $1\hat{0}$
7)　　　　　1　＋）
8)　　　　$\hat{1}\hat{0}$
→　　1001 = 9d

$7+7=14$

1)　　　　111
2)　　　　111　＋）
3)　　　　 $1\hat{0}$
4)　　　　 11
5)　　　　 11　＋）
6)　　　　 $1\underline{0}$
7)　　　　　1
8)　　　　 11　＋）
9)　　　　　$\hat{1}$
10)　　　　 1
11)　　　　 1
12)　　　　 1　＋）
13)　　　　$1\underline{0}$
14)　　　　 1　＋）
15)　　　　$\hat{1}\hat{1}$
→　　1110 = 14d

$13+11=24$

1)　　　　1101
2)　　　　1011　＋）
3)　　　　 $1\hat{0}$
4)　　　　 110
5)　　　　 101　＋）
6)　　　　　$\underline{1}$
7)　　　　 11
8)　　　　 101　＋）
9)　　　　 $1\hat{0}$
10)　　　　 11
11)　　　　 10　＋）
12)　　　　 $1\underline{0}$
13)　　　　　1
14)　　　　 10　＋）
15)　　　　 $1\hat{0}$
16)　　　　　$\underline{1}$
17)　　　　　1　＋）
18)　　　　 $1\underline{0}$
19)　　　　　1　＋）
20)　　　　$\hat{1}\hat{1}$
→　　11000 = 24d

多少の解説を加えよう．最初の例は 10 進法での $6+3=9$ に関するもので，最初の 1), 2) はそれぞれ 6, 3 を 2 進数で表したものである．まず最初，一番低い桁での足し算を行う．以下，実際に足し算を適用する 2 数には下線をつけて表す．その結果は 3) の 1 となるが，このように計算の結果である数はイタリックで表す．また，この桁での計算はこれが最終なので，hat（＾）をつけて明示することにする．次の 4), 5) には，上の 1), 2) 行でまだ計算の行われていない数を，桁の場所を変えずに再現する．そして，その中での最低桁の 2 数に下線を

つけ，その答えである 10 を，次の 6) でイタリックで示してある．同時に 0 には，この桁での最終結果であることを示す hat をつける．これに，4) で計算されなかった 1 をそのまま書いた 7) を書き加える．6)，7) の 2 つの 1 に下線をつけて足した結果が 8) における 10 で，もちろん最終結果であるから hat をつける．これまでに hat をつけた数字を，桁数をそのままに並べたのが，次の行にある 1001 で，これは 10 進数で 9 に相当する．

同様の操作を 7+7=14 に適用したのが次の計算である．以前の例よりさらに複雑になっているが，その 1 つの例が 9) 以下に見られる．9) を得たのち，6) から 8) にかけて計算されずに残っていた数を集めると，10) から 12) のように，同じ 1 が同じ桁に 3 度現れる．このうち 1 つは，計算の結果桁上がりとして 6) に現れた 1 である．これが 10) に再現されている．これら 3 数を一度に計算することはできないので，まず 10) と 11) の 1 に下線をつけ，それを足した結果 10 が 13) にイタリックで示されている．この計算では取り残された 12) の 1 を 14) で再現し，13) の最低桁の 0 と足す．その結果は 15) の右の 1 となり，一方 13) の左の 1 はそのまま 15) に降りる．こうしてこれらの桁の最終結果 11 が得られた．hat をつけた数を集めて 1110 となり，これは確かに 10 進数の 14 を与える．

13+11=24 の例はさらに複雑だが，基本的には低い桁から始めて，基本的な和の計算をもれなく実行することにつきる．10 進法の実際的な応用例では，3 つとかそれ以上の数を一度に足してしまうことが多い．これは人間の暗算能力に依存するところが大きい．それに対して上にあげた例では，そういう場合，必ず 2 数ずつの計算を繰り返すようになされており，そのために，直接計算に加えられなかった数をあとで再現して同様の計算を繰り返すようになっている．同じものを再現して再使用するという操作は，人間の感覚ではわずらわしいように思えるだろうが，コンピューターの仕事としては単純で正確な操作にすぎないことも留意すべきだろう．

付録 1.3　10 進数の数を 2 進数で表す方法

少し記号を使ってみよう．ある整数 f を別の整数 g で割った**商**を q, **余り**を r で表す．もちろん q は整数であるとする．すなわち

$$\frac{f}{g}=q+\frac{r}{g} \quad \text{または} \quad f=gq+r \tag{1.69}$$

さらに

と書くことにする．$[f/g]$ は f/g の**整数部分**ともいう．これを使って，

$$\frac{r}{g} = f - \left[\frac{f}{g}\right]$$

と書くこともできる．

そうすると上の手続きは，まず

$$\left[\frac{x}{2^k}\right] = b_k$$

を計算することである．k があまり大きいと $b_k = 0$ である．そのような十分大きい k から始めて，k を 1 ずつ小さくして行き，はじめてゼロでない商が得られたら，そのときの k が $n-1$ で，そのときの商が，頭の 2 進数 b_{n-1} である．

$$b_{n-1} = \left[\frac{x}{2^{n-1}}\right]$$

また，そのときの余りを r_{n-1} と書くと，次の数は，

$$b_{n-2} = \left[\frac{r_{n-1}}{2^{n-2}}\right]$$

によって得られる．このときの余りが r_{n-2} で，これを使って b_{n-3} が得られる．一般に

$$\frac{r_k}{2^{k-1}} = b_{k-1} + \frac{r_{k-1}}{2^{k-1}} \tag{1.70}$$

である．この手続きを進めていくと，最後に

$$\frac{r_2}{2^1} = b_1 + \frac{r_1}{2^1}$$

となり，この r_1 が b_0 にほかならない．すなわち

$$r_1 = b_0 \tag{1.71}$$

以上の手続きを，流れ図で表してみよう（図 1.5）．まず

$$2^K < x \leq 2^{K+1}$$

となるような整数 K を見つける．これを k の初期値とし，また x をそのまま r_{K+1} として出発する（もっとも $x = 2^{K+1}$ の場合は，答ははじめから明らか）．

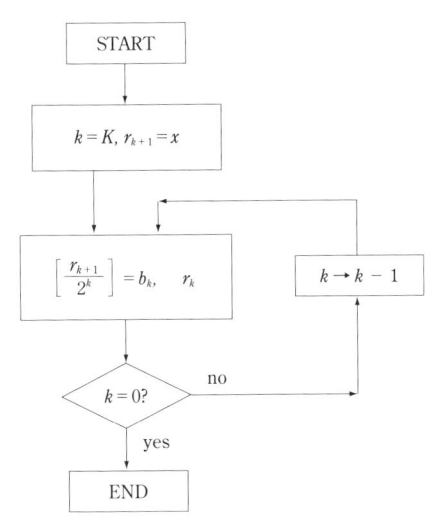

図 1.5 10 進数の数を 2 進数で表す流れ図.

章末問題

章末問題 1.1 コンピューターでなぜ 2 進数が使われるのか．1 ビットとは何か．またその利点とは何か．

章末問題 1.2 現在のコンピューターで使われている「暗号」について簡単に述べよ．

章末問題 1.3 あまり実用的ではないが，3 進数や 7 進数なども考えることはできる．これらについて，2 進数に関する表 1.1 のような表を作ってみよ．また問題 1.19 や 1.20 のように，10 進数との関係を表す実例をいくつか示せ．

章末問題 1.4 蝉の話しでは，13 年蝉や 17 年蝉でない，地下で過ごす年数がもっと違った蝉との比較が実は必要である．コラム (p.9) で触れてはあるが，もう少し具体的に納得したい．数字が大きくなると計算もめんどうになるので，少し問題を簡略化して，地下での年数が 5 年，6 年，…12 年，13 年という 9 種類の蝉がいるものと，仮に考えてみよう．ある年にこの 9 種類の蝉が一斉に地上に出たとし，以後 100 年の経過の中で，地上に現れたとき，ほかの種類と競合する回数を種類ごとに計算してみよう．その結果から結論されることを議論せよ．

章末問題 1.5 コラム (p.4) のエラトステネスの例に習い，身の周りのことから，地球の丸さを実感できる例をあげよ．できれば地球の半径を求める方法を示せ．

2 べき乗と対数

　第2章では，まず整数の**べき乗**，つまり同じ整数を何度も掛けるという平易な操作が，実数の実数べき乗という広い概念に拡張される．ここでは，「概念の拡張」という数学的思考のお家芸の妙味を味わってもらいたい．これを基礎にして，非常に大きな数，小さな数の表現方法についても学ぶ．これは理学や技術の分野では多用されているが，特に難解な考えではない．もちろん，コンピューターの上でもよく使われる．これまでの社会の通念からは少しはみ出して，この便利な方法に慣れてはどうだろう．

　このべき乗と表裏の関係にあるのが**対数**である．高校ですでに習った諸君もいるだろうが，ここでは実際的な利用方法に重点をおく．星の明るさ，地震のマグニチュードなどもこれに属しており，人間の感受性に沿ったものとも考えられている．その，おそらく最も顕著な例が**音階**であろう．誰でも知っているドレミファである．しかし正確に理解するには，多少の「音楽的素養」が必要で，あるいはこれに不慣れな読者もいるかも知れない．そう考えて，この説明は**付録**にまわしたが，できれば読んでみてほしい．人間と数学の間の関係として，興味を持ってくれることを期待している．

2.1 べ　き　乗

2.1.1 整数べき

　5^2，5^6 などのようなものを**べき**，あるいは**べき乗**（power）という[*1]．この例での2とか6を**指数**，または**べき指数**（exponent）という[*2]．英語では，5^2 は square of 5，または 5 squared という．しかし指数の高いものは 5 raised to the 6 -th power のように言うのが正式だが，普通は簡単にして 5 to the 6 と言えばよい．

[*1] 重ねて掛けるという意味で累乗という言い方もあるが，ほとんど使われない．「べき」の漢字も，当用漢字には入っていない．

[*2] 普通の英語として exponent は，解説者，代表的人物などを意味する．たとえば Rice is the chief exponent of the Administration's foreign policy. （ライス（国務長官）は，政権の外交政策の最高解説者である）など．

一般的には a^m のように書き，a の m 乗（a to the m）と読む．ここで a は正の実数，また m はしばらく正の整数とする．

これらについては次の性質がある．たとえば
$$5^4 \times 5^2 = (5 \times 5 \times 5 \times 5) \times (5 \times 5) = 5 \times 5 \times 5 \times 5 \times 5 \times 5 = 5^6 = 5^{4+2}$$
これを一般化すれば，
$$a^m \times a^n = a^{m+n} \tag{2.1}$$
ここで m も n もともに正の整数とする．

同様に
$$\frac{5^6}{5^2} = \frac{5 \times 5 \times 5 \times 5 \times 5 \times 5}{5 \times 5} = 5 \times 5 \times 5 \times 5 = 5^4 = 5^{6-2}$$
これも一般化して，
$$\frac{a^m}{a^n} = a^{m-n} \tag{2.2}$$
ただし $m > n$ で，ともに正の整数とする．

$m < n$ としたらどうなるだろうか．たとえば $m=4$, $n=6$ とすると，
$$\frac{5^4}{5^6} = \frac{5 \times 5 \times 5 \times 5}{5 \times 5 \times 5 \times 5 \times 5 \times 5} = \frac{1}{5 \times 5} = \frac{1}{5^2}$$
ところが，もし (2.2) が，この場合にもそのまま正しいとしてみると，右辺は $5^{4-6} = 5^{-2}$ ということになる．したがって，
$$5^{-2} = \frac{1}{5^2}$$
と解釈するればすっきりするではないか．すなわち
$$a^{-m} \equiv \frac{1}{a^m} \tag{2.3}$$
と定義すれば，(2.2) は m と n の大小関係にかかわらず成立することになる．すなわち，a のマイナスのべき乗とは a の正のべき乗の**逆数**（inverse）と解釈する．

さらに (2.3) は一応 $m > 0$ の場合について考えられたのであったが，この制限も外してよい．実際 $m = -2$ ならば，
$$5^{-(-2)} = \frac{1}{5^{-2}}$$
だが，左辺は 5^2 にほかならず，これは前に書いた $5^{-2} = 1/5^2$ を書き直した式にすぎない．

さらに (2.2) は (2.1) において，n を $-n$ で置き換えたものにほかならない．つまり (2.1) は n が正の整数という条件を外して n が負の整数としても成り立つとすれば，(2.2) をすでに含んでいるのである．こういう「拡張路線」もまた数学的な思考の特徴であることを覚えておこう．

もう少し拡張路線に乗ってみよう．(2.1) において $n = -m$ とおいてみる．あるいは (2.2) において $n = m$ とおいてみても同じことである．左辺は

$$\frac{a^m}{a^m} = 1$$

一方，右辺は $a^{m-m} = a^0$ となる．これが正しいためには結局

$$a^0 \equiv 1 \tag{2.4}$$

と考えればよいことがわかる．

こうして (2.3) と (2.4) を受け入れることにすれば，(2.1) が最も一般的な公式ということになる．というのは，今までは一番目の指数は常に正の整数と考えてきたが，この制限も外してよい．そもそも指数の中で $m+n$ となっているが，「和」の公式では 1 番目と 2 番目はいつでも交換可能であった．

これまでの道筋を示すと，次のようになるだろう．

正のべき → 負のべき → 0のべき

それでもこれまでは，整数のべきに限られてきたが，後ではもっと一般の実数べきにまで拡張されることを予告しておこう．

2.1.2 大きな数，小さな数

上に述べたような方法は，非常に大きな数や，非常に小さな数を表すのに便利である．大きな数として身近な「人口」をとりあげてみよう．日本の総人口は大体 1 億，あるいはもう少しだけ正確に言って 1 億 3 千万くらいということは知っているだろう．1 億は 10^8 である．1 千万は 10^7 だから，1 億 3 千万は 13×10^7 である．しかし普通はこれを 1.3×10^8 というように表す．なぜかというと，1 億に近い数だということは，このほうがよくわかるからである．2004 年の統計では，1 億 2682 万人となっている．これも 1.2682×10^8 と書くのがいちばん便利である．もし同じことだが 12682×10^4 と書かれたら，その点はちょっとつかみにくいだろう．

何年かに一度行われる「国勢調査」，あるいは毎年総務省から発表される統計によれば，ある 1 日の総人口が，1 の桁まで正確に算出される．つまり 9 桁の数

49

字が並ぶ．しかしそんなに数字を並べてみても，あまり利点はない．なぜかというと，総人口は毎日変化しているからである．同じく2004年の統計によると，「人口増加率」は0.11％とされている*．つまり1年間に$1.27\times10^8\times0.11\times10^{-2} = (1.27\times0.11)\times10^{8-2} = 0.14\times10^6$ つまり14万人増えたということである．ここの計算の仕方に注目したい．

これはあくまで平均値であるが，その意味では，毎日何人増えるかも計算できる．$0.14\times10^6/(3.65\times10^2) = 0.38\times10^3$ すなわち約380人ということになる．だからかりに千人の位まで数字を書いたとしても，1日か2日経つたびに最後の桁の数字を書き換えなくてはならないことになる．ひと月では$0.14\times10^6/(1.2\times10) = 0.12\times10^5$ つまり1万2千人ずつ増えている計算で，上に書いた1億2682万人という数字も，何月の数字かを言わなければほとんど意味のない数字である．2004年というように，年を指定するのならば，14万人を最初の桁で4捨5入して10万の桁は1，1万の桁はゼロとし，10万人の桁まで書いておくのが合理的であろう．そういう意味では1億2千6百8十万人，あるいは1.268×10^8とするのがよいことになる．すなわち，**有効数字**はこの場合4桁くらいが適当である．このように考えると，数字は何でもたくさんの桁数を書けばよいというものではないことが理解できるだろう．またその有効数字を$x.yzt$のように書き（9.5のように10に近い値になったら，0.95などのように書いたほうがわかりやすい），それに$\times10^m$という形で書くと，その数字の意味がいっそうはっきりすることもわかるだろう．

問題 2.1 米国の2004年の人口は2億9366万人，人口増加率は1.07％である．これを上に述べた方法で書き表せ．

問題 2.2 1年は何秒か．有効数字3桁まで求めよ．宇宙が生まれたのは今から約140億年前といわれている．これを秒で表せ．その結果を，日本流の言い方で表現してみよ．

問題 2.3 光速度は毎秒約30万キロメートルである．1光年とは光が1年かかって進む距離である．これをメートルで表せ．大マゼラン星雲は，地球からおよそ15万光年のかなたにある．これを半径とする球の体積は何リットルか．ただし半径rの球の体積は$(4\pi/3)r^3$で与えられる．

日本語では4桁ごとに名称がある．万,億,兆など．世界で多く使われているのは3桁ごとの名称で，10^3をキロ（k），10^6をメガ（M），10^9をギガ（G），10^{12}

---

* 1970年代のはじめには人口増加率1.5％だった！

をテラ（T）などとよぶ．小さいほうは 10^{-3} をミリ（m），10^{-6} をマイクロ（μ），10^{-9} をナノ（n），10^{-12} をピコ（p）などである．

問題 2.4 青い光の波長（λ）はおよそ 500 nm（ナノメートル）である．これを m（メートル）で表せ．また光の振動数（ν）は $\nu = c/\lambda$ で表される．ここで c は光の伝わる早さで，$c = 3.0 \times 10^8$ m/s である（s は秒）．青い光の振動数はどれだけか．単位は毎秒で表されるが，これをヘルツ（Hz）という．

問題 2.5 電波も光の一種であり，可視光に比べて波長が長いだけである．ともに電磁波とよばれる．あるテレビ局の電波の振動数（周波数）は 80 MHz である．この電波の波長を求めよ．また 900 kHz の AM ラジオの波長はどれだけか．

問題 2.6 現在の排ガス基準では，1 m³ あたりに含まれるダイオキシンの量は 0.1 ナノグラム以下とされている．もし，ダイオキシンを 0.5 グ

3000000000000 円？

朝日新聞夕刊（04 年 9 月 4 日（土）2 面）に論説委員室からの「窓」という欄があり，この日は「官庁文学の極み」という題で，次のような文章が載った．

　　目標は，はっきり言うほど，わかりやすい．それが数字なら，結果は一目瞭然だ．3000000000000 円．

　　この「巨額」をめざすには，「目標は 3 兆円」ときっぱり言ったらいい．だが，霞が関では，そうならない．

　「おおむね 3 兆円規模をめざす」

　　国と地方の税財政改革，いわゆる三位一体改革をめぐる閣議決定での言い回しだ．（後略）

この節で（少なくとも横書きでは）絶対にやらないでほしい，と訴えてきた書き方の見本のような例である．揚げ足をとるわけではないが，3000…円と縦書きで書き，これで「わかりやすい」と言えるだろうか．手形の印刷機なら，横書きで，しかも 3 桁ごとにコンマがはいる．縦書きでも，4 桁ごとに句読点を入れる方法もある．ゼロの数を数えろ，というつもりだろうが，それならばやはり 3×10^{12} 円，という書き方にみんなが慣れるよう，マスコミも何か努力をしてほしいと思う．さらに言えば，ほんとうに 1 円の桁まで表す必要はないだろう．そうすると，有効数字の問題となる．3.00×10^{12} 円などと言うほうが，「おおむね」と言うよりましではないだろうか．

ラム含む排ガスを，半径 100 m の円を底面として，その上に立てた円筒形のタンクに貯めるとすると，このタンクの高さはどれだけになるか．

問題 2.7 $n = 10$ 桁の整数はいくつあるか．素因数分解をする場合，p.5 で説明したように，求めようとする数の平方根くらいまでの数を考えればよいことを考慮すると，今の場合，どれくらいの回数の割り算が必要か．現在，高性能のパソコンは，およそ 100 MIPS の計算能力がある．ここで MIPS（mega instructions per second）とは，1 秒間に 100 万個の命令を行うという意味で，コンピューターの計算能力を表す単位となっている．足し算，割り算などの演算も一種の命令と考えてよい．このパソコンで 10 桁の整数の素因数分解をするには何秒かかるか．$n = 50$ ならどれくらいの時間となるか．

2.1.3 分数べき指数

たとえば
$$(a^2)^3 = a^2 \times a^2 \times a^2 = (a \times a) \times (a \times a) \times (a \times a) = a^6 = a^{2 \times 3}$$
である．一般的に言うと，p, m を整数として，
$$(a^p)^m = a^{pm} \tag{2.5}$$
である．

拡張路線に従って，p が整数という条件をはずしてみる．特に $p = 1/m$ としてみると，
$$(a^{1/m})^m = a^1 = a \tag{2.6}$$
となる．一番簡単な場合は $m = 2$ であろう．このとき
$$(a^{1/2})^2 = a$$
すなわち，$a^{1/2}$ とは 2 乗すると a になる数である．これは普通の意味で a の平方根 $\sqrt{a}$ にほかならない．
$$a^{1/2} = \sqrt{a}$$
同様に $a^{1/3} =$ は a の立方根である．たとえば $a = 2$ に対しては $2^{1/3} = \sqrt[3]{2}$ $= 1.25992105\cdots$．

もっと一般に $p = 1/n$（n は整数）とすると，
$$(a^{1/n})^m = a^{(1/n)m} = a^{m/n} \tag{2.7}$$
たとえば
$$a^{3/2} = \left(a^{1/2}\right)^3 = \left(a^{1/2} \times a^{1/2}\right) \times a^{1/2} = a\sqrt{a}$$
これはまた
$$a^{3 \times (1/2)} = \left(a^3\right)^{1/2} = \sqrt{a^3}$$

と書くこともできる．実際
$$2^{3/2} = 2\sqrt{2} = \sqrt{2^3} = \sqrt{8}$$
また逆に
$$\sqrt{8} = \sqrt{4 \times 2} = \sqrt{4} \times \sqrt{2} = 2\sqrt{2} = 2.8284271\cdots$$
つまり$\sqrt{8}$は，これまでに知っていた無理数$\sqrt{2}$で書けるということで，計算が簡単になる．

　問題 2.8　$1/\sqrt{27}$ はいくつか．

この計算からわかるように，
$$a^{m/n} = (a^{1/n})^m = (a^m)^{1/n} \tag{2.8}$$
という2種類の計算ができる．

2.1.4 有理数，無理数

　数には，分数によって表すことのできる**有理数**と，それが不可能な**無理数**とがある．もちろん整数自身は有理数である．これらの全体を**実数**とよぶ．無理数の代表としては$\sqrt{2} = 1.41421\cdots$や円周率$\pi = 3.14159\cdots$などがある．無理数を小数で表した場合，途中で切れることはなく，無限に続く．そのような数を**無限小数**という．例として$\sqrt{2}$とπの値を200桁示す．どうやって計算するかは述べないが，コンピューターで計算したものである．

$\sqrt{2}$ = 1.4142135623730950488016887242096980785696718753769480731766797379907324784621070388503875343276415727350138462309122970249248360558507372126441214970999358314132226659275055927557999505011527820605715

π = 3.1415926535897932384626433832795028841971693993751058209749445923078164062862089986280348253421170679821480865132823066470938446095505822317253594081284811174502841027019385211055596446229489549303820

　これを見ると，10種類の数字がいろいろに現れていて，一定の規則はみあたらない．特に，同じ並び方が繰り返されてはいない．もっとも，300桁まで計算してみたら，ある部分が15桁づつ繰り返されていることが突然わかるかもしれない．実際には，現在10億を越える桁数まで計算されていて，そういう繰り返しは見いだされていない．もちろん，どこかで切れて，そこから先はゼロばかりとなる兆候もない．その意味で無限小数である．

　当然，**有限小数**もある．たとえば
$$1/2 = 0.5, \qquad 13/8 = 1.625 \tag{2.9}$$

逆に有限小数ならば，常に分数で表される．上の例で言えば，

$$0.5 = \frac{5}{10} = \frac{1}{2}$$

$$1.625 = \frac{1625}{1000} = \frac{325}{200} = \frac{65}{40} = \frac{13}{8} \tag{2.10}$$

のように計算すればよい．つまり，有限小数は有理数である．

ところで無限小数は必ず無理数かというと，そうとも言えない．たとえば

$$1/3 = 0.3333\cdots = 0.\dot{3}$$

$$3/7 = 0.428571428571428571\cdots = 0.\dot{4}2857\dot{1} \tag{2.11}$$

のような数は，無限に続くが，しかし同じパターンが繰り返される．繰り返し部分を簡潔に表すのに，数字の上に点を打つ記法が用いられる．このようなものを**循環小数**という．では循環小数は必ず有理数として表されるだろうか．答えはイエスである．たとえば

$$x = 0.\dot{6}03\dot{9} = 0.603960396039\cdots \tag{2.12}$$

としてみる．これを 10000 倍すると 4 桁ずつずれて，

$$10000x = 6039.603960396039\cdots = 6039 + x \tag{2.13}$$

となる．この式で x を移項すると，

$$9999x = 6039 \quad \text{したがって} \quad x = \frac{6039}{9999} \tag{2.14}$$

となる．これを約分すると 61/101 となることがわかる．

ところで，本来無限小数である数，たとえば円周率でも，実際に使う場合は，結局何桁かで打ち切って使うことになる．たとえば直径が 10 cm の車輪のタイヤを作るとしよう．その円周は 31.14159265 cm に作れという設計図を書く必要があるだろうか．141 の 4 の桁は 0.1 mm の正確さを意味する．しかし，普通のものさしでは，そんなよい精度で周囲を測ることはできない．必要ならば，目盛りの箇所を顕微鏡で見ることは可能だろう．しかし，タイヤなどというものは，膨らんだり縮んだりして，1 mm くらいはすぐに変わってしまうし，すり減ったりもするだろう．新品でも，1 mm くらいの**誤差**（error）があっても困らないだろう．誤差はこれくらい以下にする，というようなことを**精度**（accuracy）ということもある．そもそも，直径 10 cm と言っても，これにも誤差がある．実際の製品の直径は決して 10.0000 cm とはなっていないだろう．10.02 cm かも知れない．こういう場合，半径の精度は 0.2% ともいう．こんなこともあるので，円周率のほうだけ，やたら精度を上げて 10 桁まで書いても意味がないことになる．

せいぜい 3.14 まで書いておけば十分である．ただ，最近の小学校では 3 と教えるようだが，今の場合，それでは不十分である．いずれにしても何桁必要かは，どれだけの精度を必要とするか，その場合場合で異なってくる．上の場合，π は 3.14 で**近似する**（approximate）という．あるいは π の**近似値**として 3.14 を使う，と言ってもよい．いったん近似値を使うことにすれば，もうそれは無限小数ではない．したがって分数で表される有理数である．

2.1.5 実数べき指数

話をべきに戻そう．べき指数は有理数であってもよいことがわかり，またどんな実数でも適当な有理数で近似できることもわかった．したがって，べき指数は実際上はどんな実数であってもよいこととなった．

もう 1 つ，すでに計算に使った関係式として，

$$(ab)^p = a^p b^p \tag{2.15}$$

をあげておこう．もちろん

$$(a^m b^n)^p = a^{mp} b^{np} \tag{2.16}$$

これらの式は，p，m，n の何れも任意の実数に対して正しい．

べき指数が小数で書かれてあっても，それを有理数で表してしまえば計算が簡単になる．たとえば

$$2^{2.5} = 2^{5/2} = \left(2^{1/2}\right)^5 = \left(2^{1/2}\right)^4 \times 2^{1/2} = 2^2 \sqrt{2} = 4\sqrt{2} = 5.6568542\cdots$$

としてもよいし，あるいは

$$2^{2.5} = 2^{2+0.5} = 2^2 \times 2^{1/2} = 4\sqrt{2}$$

という計算法もある．

また，

$$2^{1/4} = 2^{(1/2)\times(1/2)} = \left(2^{1/2}\right)^{1/2} = \sqrt{\sqrt{2}} = 1.189207\cdots$$

のように，4 乗根を求めるには平方根の操作を 2 回行えばよい．普通の電卓では $\sqrt{2}$ や $\sqrt[3]{2}$ はすぐに計算できるが，1/4 乗は直接には得られない．しかし，上のようにすれば 4 乗根でも 6 乗根でも計算可能となる．

問題 2.9 $2^{1.25}$，$3^{-2.125}$，$5^{-1.\dot{6}}$ を計算せよ．

今までの例では a を整数としてきたが，そうでなくでもよい．たとえば

$$(1.5)^{2.5} = \left(\frac{3}{2}\right)^{2+0.5} = \left(\frac{3}{2}\right)^2 \times \sqrt{\frac{3}{2}} = \frac{9\sqrt{3}}{4\sqrt{2}}$$

問題 2.10 $(1.5)^{-2.5}$，$(2.5)^{-1.\dot{3}}$，$(1.\dot{3})^{-2.\dot{3}}$ を計算せよ．

2.2 対　　　数

2.2.1　常用対数

たとえば，大きな数を 2.56×10^6 などと表すことを学んだ．このような方法の利点は，10 のべき指数によって，その数の大体の大きさを簡単に知ることができることにあった．2.56 のような「細かい」ことはあまり問題としない，こういう「数え方」を，**オーダー評価**（order-of-magnitude estimate）という．しかしもう一歩進んで，2.56 の部分まで含めて，全体を 10 のべき指数で表してしまうことはできないだろうか．実はそれが可能で，「対数」とよばれる方法である．

ある数を考えよう．それを x とよぶことにする．まず
$$1 \leq x \leq 10$$
の範囲に限ることにする．このような x を 10 のべきで表せるだろうか．表せるとして，それを方程式の形に書いてみよう．
$$x = 10^y \tag{2.17}$$
つまり，求めるべき指数を y で表すのである．このような y は，あるとすれば 0 と 1 の間にあるだろう．なぜならば
$$10^0 = 1, \quad 10^1 = 10$$
だからである．実際そうなっているかどうか，さらに予想をたててみよう．そのために x ではなく，y のほうを先に与えて，それから x を計算することにする．

一番簡単なのは，$y=0.5=1/2$ である．すなわち，これに対する x は $x=10^{1/2}=\sqrt{10}=3.16228$ であり，たしかに 1 と 10 の間の数を与えている．以後数値はすべて小数点以下 5 桁で表し，いちいち…を書かないことにする．さらに $y=0.25$，0.125 も簡単で，それぞれの $x=$ の値は $\sqrt{\sqrt{10}}=1.77828$，$\sqrt{\sqrt{\sqrt{10}}}=1.33352$ となる．さらに $y=0.75$ なら，$x=10^{3/4}=\sqrt{10}\times\sqrt{\sqrt{10}}=5.62341$ となる．このような結果を，グラフに表してみよう（図 2.1）．このあたりまでなら，電卓で容易にできる．

これを見ると，どうやら 1 つの曲線で表されることが推察できる．つまり，x は y の「関数」である．逆に y は x の関数であるともいえる．それをそれぞれ
$$x = f(y) \tag{2.18}$$
および
$$y = g(x) \tag{2.19}$$
と表現する．具体的には，
$$f(y) = 10^y \tag{2.20}$$
であったが，(2.19) に対しては，

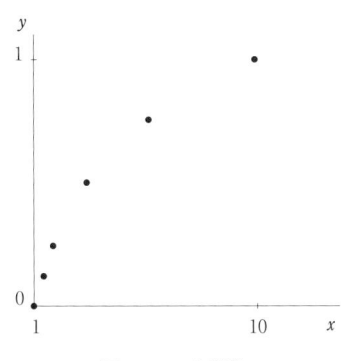

図 2.1 べき関数.

$$g(x) = \log x \qquad (2.21)$$

と書き，x の**対数**（logarithm）とよぶ．特に 10 のべきを使うとの理由で常用対数ともよばれる．そうでない対数については後で触れる．この関数の値を正確に算出する方法は別にあるが，たとえば関数電卓でも簡単に表示してくれる．おもな値を示すと，表 2.1 のようになる（対数表）．またこれをグラフに示すと，図 2.2 (a) の右下の曲線のようになる．

表 2.1 対数表

x	$\log x$	x	$\log x$
1.0	0.0000	6.0	0.7782
1.5	0.1761	6.5	0.8129
2.0	0.3010	7.0	0.8451
2.5	0.3979	7.5	0.8751
3.0	0.4771	8.0	0.9031
3.5	0.5441	8.5	0.9294
4.0	0.6021	9.0	0.9542
4.5	0.6532	9.5	0.9777
5.0	0.6990	10.0	1.0000
5.5	0.7404		

(2.21) で表される関数はたしかに x の「増加関数」で，$0 \leq y \leq 1$ の範囲に収まっている．

(2.18) + (2.20) の組合せと (2.19) + (2.21) の組合せとは，全く同じ関係式にほかならないが，上に述べた「発見法的な」方法は，実は前者であった．(2.20)

2 べき乗と対数

表 2.2　10 のべき関数表(真数表)

y	10^y	y	10^y
0.00	1.0000	0.50	3.1623
0.05	1.1220	0.55	3.5481
0.10	1.2589	0.60	3.9811
0.15	1.4125	0.65	4.4668
0.20	1.5849	0.70	5.0119
0.25	1.7783	0.75	5.6234
0.30	1.9953	0.80	6.3096
0.35	2.2387	0.85	7.0795
0.40	2.5119	0.90	7.9433
0.45	2.8184	0.95	8.9125

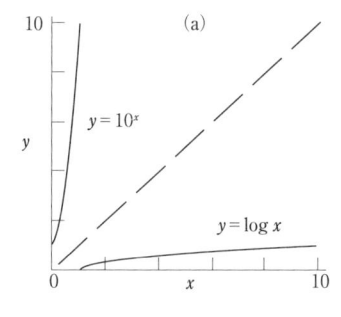

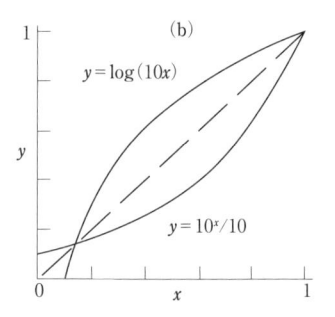

図 2.2　指数関数と対数関数.

のほうも表にしておこう(表 2.2).

この表は,図 2.2 (a) の右下の同じ曲線を,単純に読み直したものにすぎない. $x \to y$ と見るか $y \to x$ と見るかの違いである.それが (2.18) および (2.20) の意味であったが,関数としては,やはり x を変えると y がどう変わるか,という形で見るのが習慣である.この意味で,x を独立変数,y をその関数とよぶことが多い.その意味で,(2.18) および (2.20) において x と y を取り換えたものを図 2.2 (a) の中に書き入れてみると,左上の曲線となる.これは,右下の曲線から,縦軸と横軸を入れ換えたものにほかならない.図の上で言えば,原点を通って 45 度の直線(図では半点線で描いてある)を引き,それを折り目にして,右下の曲線を折り返したことになっている.式で書くと,

$$y = f(x) = 10^x \tag{2.22}$$

である.こういう $f(x)$ を,$g(x)$ の**逆関数**とよび,

$$f(x) = g^{-1}(x) \tag{2.23}$$

と書く．肩の -1 はべき指数ではなく，関数として逆の操作をするものであることを示す記号である．ちょうど，x^{-1} が x の「逆」数であることの類似である．

(2.23) はまた，

$$g(x) = f^{-1}(x) \tag{2.24}$$

と書くこともできる．つまり $f(x)$ と $g(x)$ とは互いに逆関数の関係にある．こういう意味で，対数というのは**指数関数**の逆関数なのである．

(2.22) において y を x の**真数**という．つまり，その数の対数が x となるような数のことである．たとえば，0 の真数は 1，1 の真数は 10，などである．したがって，表 2.2 は，「真数表」というべきだろう．

なお，図 2.2 (a) では，2 つの曲線は，いずれも座標軸に「へばりつく」ように接近していて，変化の細かな様子を見るのには不便である．そこで部分的に「拡大」してみたのが図 2.2 (b) である．つまり (a) では，$x = 10$ で $y = 10$ となっていたが，$x' = 10x$ という変数の関数として見直すと，$x = 1$ で $x' = 10$，したがって $y = 1$ となり，グラフの格好がほどよくなって，見やすくなっている．この方が，以前の図 2.1 に近いとも言える．

これまでは 1 と 10 の間の数に限って，その対数を求めてきた．それ以外の数についてはどうすればよいか．そのためには，まず次の性質を理解しておこう．2 つの数 x_1 と x_2 があるとしよう．それぞれの対数を y_1, y_2 とする．

$$y_1 = \log x_1, \quad y_2 = \log x_2$$

これはまた
$$x_1 = 10^{y_1}, \quad x_2 = 10^{y_2}$$
これから
$$x_1 x_2 = 10^{y_1} \times 10^{y_2} = 10^{y_1+y_2}$$
この積 $x_1 x_2$ の対数を y とする．
$$x_1 x_2 = 10^y$$
上の式と比較して，
$$y = y_1 + y_2$$
結局
$$\log(x_1 x_2) = \log x_1 + \log x_2 \tag{2.25}$$
という結論を得る．言葉で言うと，「積の対数はそれぞれの対数の和」ということになる．つまり，対数をとることによって，積が和になる．

(2.25) において $x_1 = x_2 = x$ とすれば $\log(x^2) = 2\log x$，さらに一般化すれば，
$$\log(x^n) = n \log x \tag{2.26}$$
ここで n は一応正の整数だが，これは任意の実数に一般化できるだろう．特に $n = -1$ とすれば，
$$\log\left(\frac{1}{x}\right) = -\log x \tag{2.27}$$
となる．さらに，(2.25) で x_2 のかわりに x_2^{-1} を代入すると，
$$\log\left(\frac{x_1}{x_2}\right) = \log x_1 - \log x_2 \tag{2.28}$$
となることもわかる．

問題 2.11　$\log 2$ と $\log 3$ の値を知って，$\log 6$，$\log 1.5$ の値を求め，前の表にあげられた値と比べてみよ．さらにこれから $\log 9$ の値を求めてみよ．

この準備の後に，x が 1 と 10 の範囲の外にある場合を考える．たとえば，$x = 550$ としよう．このとき
$$\log 550 = \log(5.5 \times 10^2) = \log 5.5 + \log 10^2 = 0.7404 + 2 = 2.7404$$
また $x = 0.055$ なら
$$\log 0.055 = \log(5.5 \times 10^{-2}) = \log 5.5 + \log 10^{-2} = 0.7404 - 2 = -1.2596$$
となる．

問題 2.12　次の値の対数を求めよ．0.0003，0.3，300，3000000，0.005，50，5×10^9

すぐにわかるように，1 より小さい数の対数はマイナスである．

図2.3 対数目盛り.

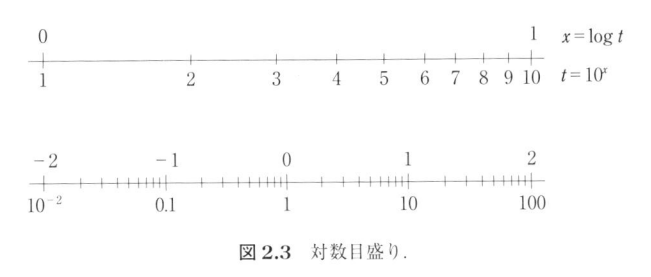

逆に，対数が0と1の間にあれば，もとの数は1と10の間であるが，対数がマイナスとなるような数は1以下であり，また対数が1より大きければ，それを与える数は10より大きい．

問題2.13　次の対数の真数を求めよ．16.6021, 3.6021, -2.3979, -7.3979

対数目盛りで数直線を描いてみよう（図2.3）．上の直線は $1 \leq t \leq 10$，したがって $0 \leq x = \log t \leq 1$ に対応する．2と記した目盛りは，表2.1に従い（上側の目盛りで）0.3010の場所につける．同様に3は0.4771, …, 9は0.9542の場所で，右に行くほど混んでくる．さらに途中の値，たとえば2.4は，大体2と3の中間くらいとでも思えばよいが，必要なら関数電卓で正確な値0.3802を求める．

同じことを左右に繰り返してできるのが下の直線である．つまり，直線の上側には x の値が0を中心として等間隔に並び，それに相当する t の値が下側に書いてある．それらの途中の目盛りは，上の直線の2, 3, …, 9をそのまま引き写したのだが，特に数字をつけないことが多い．そういう短い縦線の一番左は $2 \times 10^{-2} = 0.02$，その右が0.03を表し，また一番右にあるのは $9 \times 10 = 90$，その左隣は80に相当する，という具合である．この表現方法に慣れておこう．

2.2.2　対数の使いみち

たとえば，45億年といわれる地球の歴史の中で，生物がどのように進化してきたかを図に示してみよう．この際，現在に近づくほど，詳しいことがわかっており，当然書き込む項目もたくさんになる．例をあげてみよう．現在を0として，ローマの文明は2300年前から700年前まで，ギリシア文明は4000年前から2000年前まで，同様にエジプト文明は5000年前から1900年前まで，古代オリエント文明は5000年前から2200年前まで続いた．そもそも地球の年齢といっても，その精度はせいぜい何億年の程度だろう．つまり44億年かも知れないし，あるいは45億年かも知れないのである．つまりそれくらいおおざっぱなことしかわかっていない．ところが先にあげた諸文明の続いた長さは，100年か，悪くても数百年の精度で確かなことがわかっている．だから現在に近づくほど目盛り

計算尺

私が中学1年生のとき，授業の中には対数もあった．しかも当時は「計算尺」(slide rule)というものがあった．それを少しだけ紹介したい．

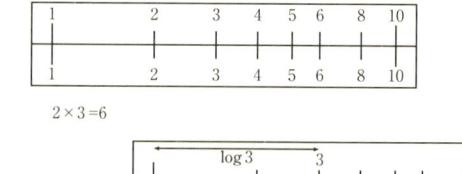

```
| 1     2    3   4  5  6    8   10 |
| 1     2    3   4  5  6    8   10 |
        2×3＝6

              | log 3         |
| log 2   2      6            |
     log 2 + log 3 = log 6
```

これについて，基本的な事柄だけにしぼって言えば，上の図のように，細長い「ものさし」(rule)みたいなものが2枚，向き合わせになっていて，横方向にスムーズに滑らせられるようになった「装置」である．ただしそれぞれには，「対数目盛り」が刻んである．図では簡単のためにごく粗くしか書いてないが，実際には細かい目盛りになっている．これによって，たとえば2×3＝6という掛け算をやってみよう．そのためには，下の図にあるように，上の板を右にずらし，上の板の1が下の板の目盛り2に合うようにする．そうしておいて上の板の3の下を見ると，まさに答えの6になっている，というわけである．これは $\log(2\times 3) = \log 2 + \log 3 = \log 6$ という関係，つまり対数では，**かけ算が足し算になる**，ということをアナログ的な装置で実現したものにほかならない．

実際にはもっと細かくいろいろなしかけがしてあり（たとえば上下の目盛りの一致具合をチェックするのに便利な，移動式のガラスの筋など），けっこうよい精度で何桁かの掛け算ができるようになっている．ただし，第2章で説明したように，本質的に $x.yz\cdots\times 10^p$ という種類の「数え方」が頭の中に入っていることが必要である．ともかく，小さくてきれいな計算尺は，手のひらに載る計算機（calculator）の出現以前のある時期，科学者や技術者のシンボルとして一世を風靡した感がある．「アポロ13」という映画の中にも登場する場面がある．

これにはじめて触れたときにも，私は大きな感動を覚えた記憶がある．そろばん流の「速さを競う」手習い的な傾向と「数学」との間の違和感を感じ始めていた私が，（少なくとも学校の授業で）初登場した計算尺を通じて垣間見た，ある種の心理的風景は，第3章で述べる「トーナメント」に関して受けたショックにも似て，いまだに忘れられない．

は細かくなっているほうがよい．これにはまさに対数目盛りがうってつけである．

　もう少しさかのぼって，新石器時代はだいたい1万年前から5000年くらい続いたとされている．これに対して典型的な旧石器時代は10万年前から60万年前と考えられる．さらに人類の歴史としての約200万年のうち，60万年前までの人猿の時代，それに30万年続く猿人の時代，その後の15万年ほどの原人の時代，15万年前から5万年前までの旧人（ネアンデルタール人）を経て，現在の人類に近い新人の時代は，最後の約5万年程度にすぎない．このような記述は，明らかに現在に近づくほど発展の速度が速まっており，やはり後世ほど細かい目盛りが必要であることを示している．

　今度は古いほうから生物の進化を眺めてみよう．生物の誕生は，おそらく30億年前であり，単細胞藻類の発生は約10億年前と考えられている．哺乳類が発生したのはだいたい1億年前で，その前に地球上で栄えたのは恐竜などのは虫類で，これは2億2千年前から8千万年前まで続いた，いわゆる中生代のことである．化石で有名な三葉虫は，6億年前から5億年前にかけて続いたカンブリア紀の生物である．オウムガイはこの頃から数億年も続き，中生代にはアンモナイトとなっている．魚類の発生は4億2千年前くらいにさかのぼり，サメは3億5千年くらいの歴史をもつ．カエルも古い起源をもち，3億年もの間，大体似た形で生息している．鳥はもっと新しく，始祖鳥として知られるものは，恐竜の栄えたジュラ紀（1億6千年前から1億2千年前）に生息し，以後の鳥の先祖となった．現在も生きた化石として知られるカブトガニは，5億年くらいの歴史をたどることができる．

　以上のような記述を，対数数直線の上に書いてみよう（図2.4）．もし普通の数直線で，45億年を10 cmで書いたとしたら，人類の全歴史200万年は $(2 \times 10^6/4.5 \times 10^9) \times 10$ cm ≈ 0.04 mm くらいとなり，またギリシアの歴史2000年はさらにその1000分の1の 2×10^{-4} mm で，とうてい細かい記述は不可能である．

　地震の規模を表すマグニチュード M は，地震の全エネルギー E と次のような関係にある．

$$\log E = 1.5\, M + 12 \tag{2.29}$$

ただし，E の単位は，物理学で使うエルグ（erg）である．

　問題 **2.14**　$M=6$ の地震のエネルギーはいくつか．$M=8$ の地震のエネルギーは，それの何倍か．ある地震に比べて，もう1つの地震のマグニチュードが2小さいとする．エネルギーは何分の1か．

2 べき乗と対数

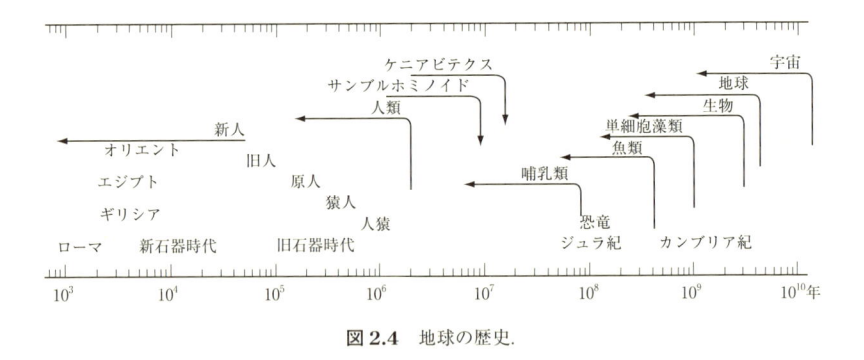

図2.4 地球の歴史.

マグニチュードという考え方は，1935年，リヒター（C.F. Richter）によってはじめて使われたもので，英語では Richter scale とよばれている．

地震のエネルギーは巨大である．$M=5$ の地震というのはむしろ小さい，あまり取り上げられもしない地震であるが，上の式で計算すると $\log E = 19.5 \approx 20$，したがって $E \approx 10^{20}$ エルグとなる．エルグという単位ではかるかぎり，20桁もの数値となる．前にあげた単位の名前のリストにも20桁というのはない．しいて言えば1億テラエルグとなる．こういう桁数の値を常日頃使うのはあまり便利ではない．エネルギーの単位としてはジュール（joule）というのもあり，1ジュール $=4.2 \times 10^7$ エルグであるが，これを使っても，なおテラを超える値を使うことになる．

それでも，たとえば1億Terg（テラエルグ）に特別な名前をつければよいかも知れない．それを仮に1Qとでもしよう．Qは地震の英語（earthquake）のQからとったつもりである．これならば，$M=5$ の地震のエネルギーは大体1Qだと言えばよいだろう．しかし問題は，$M=8$ ともなる巨大地震も扱わなければならないことである．上の問題でもやったように，そのエネルギーは万Qの桁となる．それが絶対に悪いというわけでもない．実際，「大きな数,小さな数」でやってみたように，何とか×10の何乗という形式で表せばよいし，あるいはお金の計算のように，億でも兆でも，さまざまな単位を使ってもよいのではあるが，地震の場合にはマグニチュードを使うのがすでに習慣となっている．もしこの習慣がなかったら，どれくらい不便かを考えてみてもよいだろう．

もう1つ，身近な対数の応用として，星の明るさの等級をあげておきたい．物理学や工学では，明るさとは本来やはりエネルギーで表される．もう少し具体的に言うと，単位面積あたり，単位時間に通過するエネルギーとして定義される．

同じ量のエネルギーでも，たとえば凸レンズで収束させる，つまり小さい面積に集めると明るくなる，というのはよく知られているだろうが，エネルギーの総量は同じでも，短時間につぎ込むか，あるいは長時間かけてジワジワ送り込むかにも関係する．これは写真の露光時間に関係して，感じ取っている人もいるだろう．そういう，意味の明るさを f と表す．ところが星の明るさの場合，その大きさが何十桁も違うものが多い．ただし，星といっても，太陽や月も含めるのである．そこで，やはり対数を使って表すのが便利ということになる．それが「等級」とよばれるもので，それを m で表すと，f との関係は

$$m = -2.5 \log f + B \tag{2.30}$$

と表される．ここで B は係数であるが，以下の問題では，その値を直接知る必要はない．

問題 2.15 1等級の差は，明るさで表すと何倍の差か．1等星は6等星の何倍の明るさか．−1等星は3等星の何倍の明るさか．1等星の1万倍，また1万分の1の明るさの星があるとすると，それぞれ何等星か．

おもな天体の明るさを等級で表したのが表 2.3 である．

表2.3 おもな天体の明るさの等級

天体	太陽	満月	金星	シリウス	スピカ	北極星	オリオン大星雲	冥王星
等級	−26.8	−12.6	−4.7	−1.5	1.0	2.0	4.0	13.6

問題 2.16 この表にある天体の明るさを，1等星の何倍かという表し方で求めよ．ただし，小数点以上，以下それぞれ1桁の数字掛ける10の何乗という形で書け．また，ハブル望遠鏡で観測される最も暗い天体は，大体30等の明るさと言われる．この天体の明るさを，やはり1等星の明るさに対する比として求めよ．

それにしても，ギリシアの天文学者達は，たとえば2等星と3等星の「違い」は，4等星と5等星の違いにほぼ等しいものと考えていたと思われる．もう少し想像を加えるならば，彼らは1本の数直線を引き，その上に1から6まで「等間隔」に目盛りをつけ，その上に該当する明るさの星の名前を書き入れていったのであろう．実際につけたかどうかは別として，そういう意識であったことに注目したい．これは，たとえば1等星と2等星の明るさの比は，4等星と5等星のそれと同じだと認識したことを意味する．

実は人間の感じ方としては，物理的な強さよりは，その対数に直接感ずること

が多い．言い換えると，感覚を生じた刺激の強さそのものの差ではなく，強さの「比」に関係している．このことは，19世紀にさかのぼって，フェヒナー（G.T. Fechner）の心理学的法則として知られていた．この考えからすると，ギリシア人たちの等級というとらえ方は，今から見てもきわめて自然なものであったと言えるだろう．上に想像した数直線は，物理的な明るさから言えば，まさに対数目盛りだったのである．同様なことは光の強さに限らず，音の強さや音の高さに対

星の等級は誰が決めたか？

星の等級という考えの歴史は古く，ギリシアの時代にさかのぼるらしい．彼らは，当時知られていた星の中で一番明るいものの明るさを1等級，最も暗くて，目に見えるぎりぎりの星を6等星とよんだのであった．それが長く使われたが，19世紀にはいると，ジョン・ハーシェル（John Herschel，この人は天王星の発見などで有名なフレデリック・ハーシェル（Frederick W. Herschel）の息子）が星の明るさというものを考え，昔から考えられてきた一番明るい星と一番暗い星の明るさは大体100倍の違いがあることを見つけた．言い換えると，5等級の差は，明るさで言って2桁の差に相当するというわけである．これを(2.30)の数式に表したのがポグソン（N.R. Pogson）で，1856年のこととされている．一度この式で等級を定義することになると，それまでには考えられなかったような天体，たとえば太陽などにも等級の概念が適用できるようになったのである．

ただ，天体の明るさという量を，どのような物理的手段で測定したのだろうか．上に述べたハーシェルの頃には，目視で決めたらしい．多分，基準とした「ろうそく」の光，あるいはすでに等級が決めてある星との比較をしたのだろう．しかし，ハーシェル自身は写真乾板を天体観測に利用することを推し進めたことでも知られており，19世紀終わりから20世紀初頭にかけてそれは実用化された．その後は，星の明るさは，写真に写した像の「濃さ」から決められるようになった．写真の原理によれば，像の濃さは析出した銀の単位面積あたりの量であり，これを露光時間で割れば物理的な光の強さに比例する．この方法は最近まで天文学で使われてきたが，最新の方法では，写真乾板ではなく，CCD（charge-coupled device，電荷結合素子）が使われている．後にデジカメでも使われるようになった技術である．この方法では，光の粒子である「光子」の数を直接数えていて，そのため，以前は考えられなかったような「暗い」天体まで観測できるようになった．宇宙に浮かぶハブル（Hubble）望遠鏡では30等級に相当する天体まで観測され，宇宙の膨張の仕方が格段によくわかるようになった．

する感じ方にも現れている．その例として，「騒音」の尺度としてのホンとかデシベル，さらには音階についても調べてみよう．

音の強さ I は，垂直方向の単位面積を，単位時間に通過するエネルギーとして表される．単位は W/m^2 である．ここで W はワット，m はメートルである＊．しかし，フェヒナーの法則に従って人間の耳に感ずる強さは，これの対数で表される．具体的には「音の強さのレベル」L の定義は，

$$L = 10 \times \log\left(\frac{I}{I_0}\right) \tag{2.31}$$

である．ここで I_0 は I の基準値で，やっと聞こえるか聞こえないかのギリギリの音の強さを意味する．ただ，これには個人差などの不定性があるが，一応の基準として $I_0 = 10^{-12}$ W/m^2 と決めておく．この L の単位は dB（デシベル）と言う．また，厳密に同じではないが，ホン（phon）とよぶこともある．これを「騒音」にあてはめた場合，図 2.5 に示すような騒音レベルが知られている．

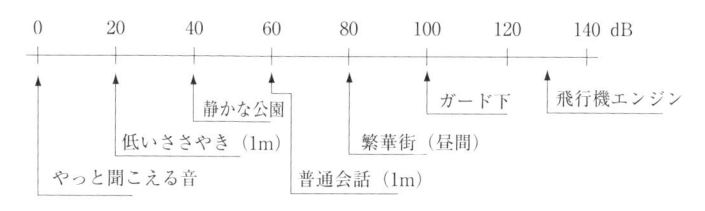

図 2.5 騒音レベル．

問題 2.17 「やっと聞こえる音」に比べて普通の会話（1 m）の音の強さは何倍か．ガード下の騒音は，公園内の音に比べて，音の強さとしては何倍か．

人間の音の感じ方，あるいはあらゆる種類の感じ方の中でも，最も精緻と思われるのが音の高さ，特にメロディーであろう．これがまた対数に関係しているのだが，その詳細を説明するのはあまり単純ではない．それでこの部分は付録 2.1 に収めた．できれば読んでみてほしい．

2.2.3 任意の底の対数

これまで考えてきた対数

$$y = \log x$$

＊ワットというのはジュール／秒を表し，単位時間あたりどれだけのエネルギーが伝えられるかを表す量である．したがって，ここで述べた「音の強さ」は，まさに星の場合の明るさに相当する．

というのは
$$y = 10^x$$
の逆関数として考えられえた．これは明らかに 10 進法と深く結びついている．数学的発想に従えば，10 ではない一般の数 a に発展させるのが当然の成り行きである．すなわち
$$y = a^x \tag{2.32}$$
とその逆関数としての
$$y = \log_a x \tag{2.33}$$
を考える．これを，「底」(base) を a とする対数関数とよぶ．以前考えた**常用対数**は，$a = 10$ の特別の場合である．これに対してこれまで使ってきた $\log x$ という書き方は，この節の意味で $\log_{10} x$ の底 10 を省略したものである．一方，「常用」でない対数も，時には非常に便利な場合もあり，その実例についても説明しよう．

a は正の数であれば何でもよい．同じ数を違った底で表すことができるが，それらの間の関係は，次のようにして求められる．
$$y = \log_a x, \quad および \quad z = \log_b x$$
としよう．これは
$$x = a^y, \quad および \quad x = b^z$$
を意味する．ここで
$$t = \log_b a$$
という量を考える．これから
$$a = b^t$$
である．また
$$b = a^{1/t}$$
とも書くことができる．そこで
$$x = b^z = (a^{1/t})^z = a^{z/t}$$
この逆の関係は
$$\frac{z}{t} = \log_a x$$
したがって
$$\log_a x = \frac{\log_b x}{\log_b a} \tag{2.34}$$
という関係を得る．この式は，ややめんどうな形をしているが，x や a の現れ方には，両辺共通に上下の関係があり，それを手がかりにして憶えておくとよいか

も知れない．いずれにせよ，この関係によって，同じ数でも別の底の対数によって表し直すことができる．このような行き方によって，これまで出てきた例を考え直してみよう．

問題 2.14 では，地震のエネルギーを表すマグニチュードの例をあげた．それは

$$\log E = 1.5\,M + 12 \tag{2.29}$$

と表され，M が 1 大きくなると，$\log E$ が 1.5 増加するように決められていた．ここでの対数はもちろん常用対数であるので，$\log E = \log_{10} E$ を上の式に代入し，両辺を 1.5 で割ると，

$$\frac{\log_{10} E}{1.5} = M + 8 \tag{2.35}$$

となる．そこで

$$1.5 = \log_{10} a \tag{2.36}$$

となるような数 a があると，$b = 10$ として（2.34）が使え，その結果（2.35）は，

$$\log_a E = M + 8 \tag{2.37}$$

と書くことができる．すなわち，E が a 倍になると M が 1 増加することを表す．(2.36) から

$$a = 10^{1.5} = 10\sqrt{10} = 31.623$$

である．つまり，地震のマグニチュードとは，この数を底とした，エネルギーの対数である．

また問題 2.15 では，星の明るさ f を表す等級 m は，

$$m = -2.5 \log f + B \tag{2.30}$$

で与えられた．ここでも $\log f = \log_{10} f$ とおき，さらに（2.36）にならって

$$-2.5 = \frac{1}{\log_{10} a} \tag{2.38}$$

とおけば，やはり（2.34）が使えて（2.30）が（2.37）と同様，

$$m = \log_a f + B \tag{2.39}$$

の形になることがわかる．a の値は（2.38）と表 2.2 から

$$a = 0.398$$

となる．すなわち，明るさが 0.398 倍になれば等級が 1 だけ増す．逆に明るさが $1/0.398 = 2.512$ 倍になれば，等級は 1 減ることになる．

常用対数以外の対数としては，自然対数とよばれるものがあり，その底は $e = 2.71828\cdots$ という特別な無理数である．これはまたオイラーの e ともよばれる．これに伴う対数は，特に $\log_e x = \ln x$ という記号 ln が使われる．これは純粋数学，

物理学，その他の科学技術において，非常に広く用いられているが，ここでは扱わない．それぞれの専門領域に進んだ場合，出会うかも知れないが，その際にはそれぞれの分野の教科書で学んでほしい．ただ，コンピューターでの利用について最小限の解説を付録2に示しておく．

付録2.1 音　　　　　階

さて，音程の問題を議論しよう．ただし，考察するのは西洋流，特に「平均律」の名称で広く用いられている音階である．それについては，たとえばピアノの鍵盤を思い浮かべるのがよいだろう．他の楽器に比べて，ピアノは一番合理的な音の出し方をする．その鍵盤は，図2.6のような「オクターブ」がいくつもつながったもので，あらゆる楽器の中でも最も広い音域をもつ．

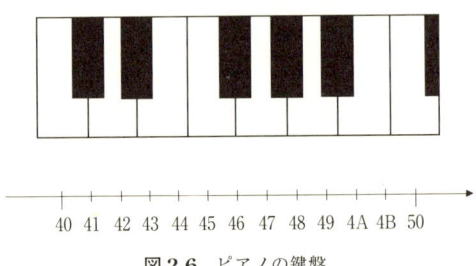

図 2.6　ピアノの鍵盤．

1オクターブには12の音があり，ピアノなどでは図のように白鍵と黒鍵が配置されている．このような配置になったのには歴史的な理由があったのだろうし，さらに各音には名前がついていて，しかも♯とか♭なども動員されて，はじめての人にはたいへん複雑に見える．しかし実際には12の音はまさに「等間隔」に並んでいるのである．そのことを端的に示すには，まず $c, c\# = d\flat$（日本語では，ハ，嬰ハ＝変ニ）などを全部番号で表し直すのがよさそうだ．表2.4を見てほしい．ただし一番右側の $\log_2(v/v_c)$ などと記入された欄は，今は見ないでおこう．もうひとつ，1オクターブには12の音があるので，単純に1から12までの番号をふればよさそうだが，ピアノには7オクターブにわたる音がある．それらにも全部番号がつけられるように用意できれば，それにこしたことはない．そのためには，12進数の方法を使うと便利だろう．

そこで，前にやった16進数にならって 0, 1, …9, A, B と書く．10, 11 の

替わりにA，Bという1桁の文字を使うのである．また全体を2桁の数字として表し，最初の（上位の）桁は1，2，…7の範囲とする．これで普通の88鍵のピアノの鍵盤とだいたい同じく，7オクターブをカバーすることにする．さらにピアノの真ん中にあるド（c）の音は，低い方から数えて4番目のオクターブの最初の音，という意味で40と書くことにする．10進数の意味の40ではないことを示すために，後ろに何かの文字をつけたほうがよいかも知れないが，ここだけの話に限定して，それも省略しよう．前置きが長くなってしまったが，cから1オクターブ上の$\bar{c}$までの表を作ってみた*．

表 2.4 音名と番号

音名	番号	$\log_2(v/v_c)$
c	40	0
$c\sharp = d\flat$	41	1/12
d	42	2/12
$d\sharp = e\flat$	43	3/12
e	44	4/12
f	45	5/12
$f\sharp = g\flat$	46	6/12
g	47	7/12
$g\sharp = a\flat$	48	8/12
a	49	9/12
$a\sharp = b\flat$	4A	10/12
b	4B	11/12
$\bar{c}$	50	1

たとえばcと$c\sharp$または$d\flat$とは「半音」の差があり，それはeとfの差，あるいはbと$\bar{c}$の間の差と等しいと言われる．これは40と41の差＝1が44と45の差＝1と同じだといってもよい．前に描いたピアノの鍵盤の図2.6には，この12進法の数字が書き入れてあったのである．白鍵と黒鍵の配置に惑わされず，「等間隔」という感じがすっきりするかも知れない．

もっと具体的なメロディーとして，まず，誰でも知っているモーツァルト（W.A. Mozart）の子守歌のはじめの2小節を，図2.7の左半分に書いてみた．原曲はへ長調で，aの音から始まる．そしてミファミレドレ／ドー，という音を表2.4の番号で書いてみると，

---

*$\bar{c}$もここだけの記号．$\dot{c}$と表すこともある．

2 べき乗と対数

図 2.7 モーツァルトの子守歌より．

$$49 \quad 4A \quad 49 \quad 47 \quad 45 \quad 47 \quad 45 \tag{2.40}$$

となる．でも，楽器が手元にないときなど，絶対音感をもつ特別の人でないかぎり，出だしの音を正確に a にすることはむずかしい．鼻歌まじりに歌い出す場合，人によっていろいろな音となるだろう．それでも，メロディーはちゃんとしていて，誰が聞いても，あの歌だな，とわかるのが普通である．はじめの音が，ピアノのどれかの音には，必ずしもならないだろうが，議論を複雑にしないために，表にあるどれかの音から始まるとしてみよう．たとえば e から始まったとしてみよう．これはハ長調といわれるもので，楽譜は上の図 2.7 の右半分のようになり，番号では，

$$44 \quad 45 \quad 44 \quad 42 \quad 40 \quad 42 \quad 40 \tag{2.41}$$

である．これは，上の (2.40) 式のそれぞれから 5 を引いたものであり，どこも 5 だけ低い「平行移動」である．言い換えれば，音と音との間隔は，(2.40) におけるのと全く同じである．これが同じならば，起点がどこであれ，同じメロディーとして聞こえるのである．

こういう場合，ヘ長調がハ長調に「移調」されたという．またこの場合，ヘ長調やハ長調それぞれを「調」，あるいは「キー」(key) とよぶ．人によって，曲の中の一番高い音が出しづらい場合，全体を少し低い調に移調して歌うこともあるが，それでも同じメロディーを歌っていると，誰でも認めてくれる．合唱曲の編曲などでも行われる．

同様の方法は，クラシック音楽の場合*，表現を豊かにするための積極的な技法として活用されていて，特に「転調」とよばれることが多い．そんな一例を，ベートーヴェン (L.v. Beethoven) の第 5 交響曲「運命」から拾い出してみよう．読者がクラシック音楽に強ければ，しばらく読んでほしい．できれば CD を聞いて確かめてみよう．この曲の第 1 楽章は，基本的にハ短調で書かれている．まず，有名な「運命が扉をたたく」という 3 音の連打で始まる第 1 主題が出てくる．40 秒ほどすると，ホルン（59 小節目）とストリングス（63 小節目）による第 2 主

---

*「古典音楽」を意味する英語は classical music である．classic とすると，「名曲」を意味することになる．

題が現れる．その部分を，単音のメロディーだけにして示すと，下の図の左半分
の楽譜となる．

図 2.8 ベートーヴェンの第 5 交響曲より．

穏やかなストリングスの前に出てくるホルンの断固とした調子は，「運命の動
機」が変形されたもので印象深く，すぐに聞き分けられるだろう．この部分は変
ホ長調で歌われる．特にはじめの（ホルンによる）ソソソドレソを，例の番号で
書くと，

$$4A \quad 43 \quad 45 \quad 3A \tag{2.42}$$

となる．ただし，同じ音が続けて並ぶ場合は，簡略化して 1 つの数字で表すよう
にした．

このホルンの部分は，この後，楽器や形も多少変えて何度も現れるが，楽章の
終わり近く，再現部にはいると，後の穏やかな部分も含めて，全く同じ形で再現
される（303 小節目，はじめからの時間でいうと，提示部の繰り返しを入れて，
ほぼ 5 分）．ただし，今度はハ長調となっていて，図 2.8 の右半分に示すとおり
である．これについても，最初の 4 つの数字（ホルンではなくファゴットで演奏
される）を書くと，

$$47 \quad 40 \quad 42 \quad 37 \tag{2.43}$$

で，(2.42) の各数字から 3 を引いたものである．これは，前に述べたように，
完全な平行移動である．音が進行する際の変化は $-7, +2, -7$ で，これは (2.42)
と (2.43) に共通である．この「相対的変化」がメロディー感覚を決定する．も
ちろん，楽譜のそれぞれの後半部分でも同じ特徴が読みとれる．

これらの部分は，基調となっているハ短調の中から突如出現し，その「表情」
の変化が，はじめの提示部と，あとの再現部とでは鮮やかな対照をなしている．
この「変化」も，先行する部分からの，一種のメロディーの変化として認識され
るのではあるが，芝居でいえば，同じ人物が装束を変えて登場するのにも似て，
劇的な進行を演出するかのようである．この曲では，このような転調が，もっと
複雑な形で至る所に用いられ，音色やリズムの変化とも相まって，全体を壮大な
建造物に仕立て上げるのに役だっている．

ところで，こういう移調や転調が可能となるのは，用意された音の間隔が，どこでも全く同じとなっているからにほかならない．そうでないと，メロディーの中のどの音も同じ間隔だけ変えるという操作は実行できない．世の中には，少数だが「絶対音感」をもっている人がいて，(2.40) と (2.41)，または (2.42) と (2.43)，あるいは相当する 2 つの楽譜を明確に区別する能力をもっている．それに対して，音の「間隔」だけに敏感で，上の 2 つをはっきりとは区別しない（普通の）人の感覚は，「相対音感」といってもよいだろう．

　いずれにしても，12 の音が等間隔に並んでいることの意味が理解できただろうが，等間隔というのは，どういう「変数」についてそうなっているのだろうか．普通我々は，音の高さの違いはその音の振動数で決まることを知っている．もっとさかのぼると，音とは空気の振動であり，人間に音として感じられるのは，低いほうでは 1 秒間に 60 回の振動，あるいは 60 Hz（ヘルツ）くらいから，高いほうでは 20,000 Hz くらいまでである＊．NHK のラジオの時報では，440 Hz の音が鳴らされていて，普通これがピアノの a の音となるように調律されている．このヘルツという用語とともに，振動数という考えは今やポピュラーではあるが，しかし実際に 1 秒間振動が何回，と数えることは，普通の人間にはできない．しかし音を作る楽器の場合，特に弦を振動させる弦楽器やピアノなどでは，振動数（または周波数ともよばれる）は，弦の長さによって決められる．

　実は長さだけではなく，使用する弦の密度や，それをピンと張っておく「張力」にも関係するが，それらが同じ弦を何本か用意した場合，長さが違えば波長が異なり，それに従って振動数も別のものとなる．こうして，多少間接的ではあるが，身の周りの長さの測定によって，音の振動数を自在に操ることができるのである．もちろん，ある種の管楽器やオルガンのパイプでも，基本的には管の長さによって音の振動数が決まる．こうして，ギリシアの昔から，音の振動数というのは人

＊問題 2.4 で説明したように，ヘルツ (Hz) は振動数の単位で，1 秒間に何回振動するかを表す．現在使われている CD の規格は 20,000 Hz を上限としているが，普通の楽器が出す音に比べて非常に高い．実際，ピアノの鍵盤の最高音でも 4,000 Hz を少し超えたくらいである．しかしこれは，その鍵盤がたたく弦の出す一番低い振動数の音で，「基音」ともよばれる．一方この同じ弦は，実はその 2 倍，3 倍，… の振動数の音も同時に出していて「倍音」とよばれ，その混じり方が楽器特有の音色を作り出す．人間の声も同様で，ほとんど単一の振動数を作り出す電子音とはきわめて異なる．このような倍音も考慮して，CD は高い振動数まで録音できるように設計されている．ほかにも，音の立ち上がり感，いわゆる「歯切れのよい音」を再現するには，高い振動数の成分が必要とされることは，フーリエ解析の教えるところである．昔の電話の声が，もぐもぐとしか聞こえないのは，含まれる音の振動数の上限が低いからであった．

間が操作することのできる「変数」として長く使われてきたのである．

　音階の等間隔という場合，このような意味の振動数そのものの等間隔ではなく，したがって，弦の長さに関して等間隔ではないのである．実は振動数の対数を等間隔に分割しているのである．そのことを理解するために，まずオクターブという概念を考えよう．1オクターブ上の音，というのは振動数が正確に2倍であることを意味する．1オクターブ下であれば，ちょうど半分の振動数である．振動数が2倍の音を出すには，同じ材質で，同じ力で張った弦であれば，ちょうど半分の長さにすればよい．振動数を半分にするには，長さを2倍にすればよい．同じ物理的な原理によって，女性の声は男性の声より1オクターブ高い．オクターブの違いは，ある意味で全く同じ音ともとらえられていた．

　ところで，平均律での「音階」は，この2倍という「比」を12等分したものである．ここのところを理解するのは，あまり簡単ではないが，次のように考えてみよう．以前，音程に番号をつけることを説明したが，12進法で，たとえば40番の音と41番の音とは隣接している．次に隣接するのは42番の音である．40番の音に比べて41番の音は，振動数でいってp倍であるとしてみよう．さらにこの41番の音の振動数を同じ割合でp倍にすると，42番の音の振動数になるとしてみよう．これが，音が「等間隔」に並んでいるということの表現だと考える．そうすると42番の音の振動数は40番の音の振動数のp倍のp倍，つまりp^2倍だということになる．こうして50番目に達すると，その振動数は40番のそれのp^{12}倍と結論されるだろう．一方，これはちょうどオクターブ上なのだから2倍に等しいはずである．すなわち

$$p^{12} = 2 \tag{2.44}$$

となる．これを書き直して，

$$p = 2^{1/12} \tag{2.45}$$

と書いてもよい．

　これが，それぞれの音の「比」の一番基本的な値である．番号でいって1つ右隣の音の振動数は，もとの音のそれの$2^{1/12}$倍であり，番号がmだけ違う音の場合，その振動数の比は2^xと書くことができて，そのxは，

$$x = \frac{m}{12} \tag{2.46}$$

と表される．

　たとえば40番の音（c）を基準音とし，その振動数をv_cと書くと，任意の音の振動数vは，

$$\frac{v}{v_c} = 2^x \tag{2.47}$$

と与えられる．ただし x は，その音が基準音と m だけ離れているとして (2.46) のように表される．この m は整数だが，正である必要はない．ゼロやマイナスの数まで含めてよい．つまり，低いほうに離れている音も，同様に考えることができる．

この形，(2.47) を (2.32) と比べてみよう．$y = v/v_c$ とし，さらに $a = 2$ とすれば全く同じ式である．逆関数の式 (2.33) で x と y を取り替えて $x = \log_a y$ の形にしておくと，

$$x = \log_2 \frac{v}{v_c} \tag{2.48}$$

となる．前の表 2.4 の一番右の欄に示したのは，まさにこの x である．また，上の式の右辺に関しては，常用対数の場合の関係式 (2.28) が同様に成り立って，

$$\log_2 v - \log_2 v_c \tag{2.49}$$

とも書くことができる．

さらに (2.46) を使うと，結局

$$\log_2 v = \frac{m}{12} + \log_2 v_c \tag{2.50}$$

と書くことができる．この式こそ，振動数 v の，2 を底とする対数が等間隔に並んでいることの数学的表現にほかならない．

人間はこのような数学的な構造をごく自然に理解していることは，すでに述べたように，別の調に移った場合のメロディーの認識能力によっても明らかだろう．感覚がこれくらい定量的に備わっているのは，おそらく音程の感覚に限られているようである．他の感覚，たとえば光，色，さらには温度，味覚，痛さなどとは格段に違った特徴とも言えるが，それは楽器というものが，古来きわめて定量的に作られてきた歴史と無関係ではないとも思われる．

ただ，このような対数の概念がギリシアの昔から知られていたわけではない．ギリシア人達は，むしろ和音の響きを大切にし，1 つの調（キー）の中での音の振動数の比を（複雑な）分数として表してきた．これは，整数こそ，あらゆる数の中で最も美しいものという，美的な感覚に根ざしたものであった．いわゆる「純正調*」では和音，特に長 3 度（c と e），5 度（c と g）の比を，それぞれ 5/4 =

---

*表 2.4 や (2.46)，(2.47) によると，これらは $2^{4/12} = 1.2599$，$2^{7/12} = 1.4983$ に対応する

1.25, 3/2 = 1.5 とすることが重視された．これに対して，上に述べたように，対数に基づく平均的な音階の作り方が，今では「平均律」とよばれている．両者は完全に同じではなく，微妙にずれている．実際，17 世紀から 18 世紀にかけて活躍したバッハ（J.S. Bach）は，彼の「平均律クラヴィーア曲集」を，Das Wohltemperierte Klavier と名づけている．Wohltemperierte というのは，当時ヴェルクマイスター（A. Werkmeister）という音楽家が用いた名称で，数学的に 12 等分された意味での「平均律」ではないらしく，「よく調律された」というくらいの意味ともされている．だから厳密に言うと，別の調に移調した場合，寸分違わぬメロディーとは聞こえないはずである．しかし，その違いまで感知する人はほとんどいないのであろう．いずれにしてもバッハは，彼自身の独特な調律法によって，平均律に近く，しかも純正調の特徴を保つような演奏をしていたようである*．

もう 1 つ，ある種の敏感な演奏家によると，ピアノの右端くらいの高音になると，オクターブとして感ずる音は，厳密な 2 倍より，もう少し高い振動数となるらしい．低音についても同様のことがあり，ここまでくると，感覚の「非線形性」が見えてくるのかもしれない．

付録2.2　自然対数によるべきの表現

普通のプログラム言語，たとえば C 言語では，(2.32)，つまり

$$y = a^x \tag{2.51}$$

を簡単に表す関数はない．整数の整数乗も「内蔵関数」としては用意されていない．ただし，「オイラーの e」を用いた関数 e^x があり，

$$\exp(x) = e^x \tag{2.52}$$

と書かれることが多い．exp はもちろん exponential という語からきている．この関数は統計学でも中心的な役割を果たす．また以前にも触れたように，この逆関数は，

$$\ln x = \log_e x \tag{2.53}$$

と書いて，よく使われる．これは多くの場合，内蔵関数として準備されている．ln の n は，自然（natural）の n をとったものである．これら 2 つの関数を使って，任意の a, x に対する a^x を求める方法を紹介しよう．関数の記号は言語によっていろいろだろうが，基本的にはどんな場合にも使える，有用な関係式となる．

---

*最近の研究については，たとえば以下を参照されたい．(B. Lehman, Early Music, Vol 33 (2005), 3-24, 211-232；www.larips.com)

まず（2.51）と，その逆の関係
$$x = \log_a y \tag{2.54}$$
から出発する．(2.54) は，以前の (2.33) で，x と y を取り換えたものである．この右辺に別の底 b を使った (2.34) を使う．
$$x = \frac{\log_b y}{\log_b a} \tag{2.55}$$
これから
$$\log_b y = x \log_b a \equiv u \tag{2.56}$$
を得る．この式の両端をみると，
$$y = b^u \tag{2.57}$$
だが，これ以降 $b = e$ と考え，また (2.53) の記号を使うことにする．これにより
$$y = e^u = e^{x \ln a} \tag{2.58}$$
となる．これを (2.51) に代入すると，最終結果
$$a^x = e^{x \ln a} = \exp(x \ln a) \tag{2.59}$$
を得る．最後の式では (2.52) の記号を使ってみた．

章末問題

章末問題 2.1 　素数を求めるための方法として，第1章ではエラトステネスの方法を学んだ．その際，求める数 n の平方根 $\sqrt{n}$ までくらいの整数を調べればよいこともわかった．しかし公開鍵暗号に関連して，素因数分解についてはさらに能率のよい方法が開発されている．特にいくつまでの数を調べればよいかについては，$10^{c\sqrt{n}}$ という結果が得られている．これは近似的な関係式で，係数 c はこれから考える問題に限ってであるが，だいたい $c = 1.5$ とおいてさしつかえない．これを使って問題 2.7 を考え直してみよう．特に第1章で触れた「懸賞問題」の場合のように，$n = 129$ とする．1テラフロップスのコンピューターを使うとすると，計算時間はどれほどとなるか．$n = 155$ ならばどうか．ここでテラフロップス TeraFLOPS とは，1秒間に 10^{12} 個の演算を実行できる能力を意味する．

章末問題 2.2 　縦横両軸を対数目盛りにした方眼紙もあり，両対数方眼紙とよばれる．そういう表し方の例として，世界各国の人口（横軸）と面積（縦軸）をグラフに表してみよう（2004年）．日本のデータが書き入れてあるので，それを参考にして軸に目盛りも入れよ．対数目盛りにしなかったらどのように不便で

あったか議論せよ．さらに結果を見ると，それぞれの国を表す点は，だいたいにおいて右肩上がりの「バンド」の中に入っている．これは何を意味するのだろうか，これも議論せよ．

章末問題 2.3　　新潟中越地震で起こったマグニチュード 6 以上の地震は 3 回で，そのマグニチュードは最初の主震が 6.8，次いで余震とみなされるのが 6.3，6.1 であった．これら 3 つの地震の全エネルギーの中で，余震のエネルギーが占める割合を求めよ．一方，04 年 12 月 26 日に起きたスマトラ沖地震では，主震のマグニチュードが 9.0，余震としては 7.1 が 1 回，6 台が 7 回とされている．新潟中越地震の場合と同じ割合を求め，結果を比較せよ．

国名	人口	面積 (km^2)	国名	人口	面積 (km^2)
日本	1 億 2682 万	37 万 8 千	ナウル	1 万	21
中国	12 億 6183 万	960 万	英国	5978 万	24 万 3 千
ブルネイ	35 万	6 千	アイスランド	28 万	10 万 3 千
ラオス	578 万	23 万 7 千	オランダ	1607 万	4 万 2 千
シンガポール	455 万	600	フランス	5977 万	55 万
インド	10 億 4585 万	329 万	モナコ	3 万	1.81
モルディブ	27 万	300	ロシア	1 億 4498 万	1708 万
カナダ	3190 万	997 万	イラン	6662 万	165 万
米国	2 億 9366 万	936 万	イスラエル	603 万	2 万 1 千
メキシコ	1 億 34 万	196 万	イラク	2358 万	43 万 8 千
グレナダ	9 万	300	カタール	79 万	1 万 1 千
ブラジル	1 億 7603 万	855 万	ナイジェリア	1 億 2993 万	92 万 4 千
チリ	1550 万	75 万 7 千	南アフリカ	4365 万	122 万
オーストラリア	2000 万	774 万	セーシェル	8 万	500
インドネシア	2 億 3207 万	19 万 1 千	ルワンダ	740 万	2 万 6 千

2 べき乗と対数

・日本

3 グラフ理論

　最後の章の主題はグラフ理論で，これもコンピューターとともに発展しつつある新しい分野である．ここで言う**グラフ**とは，要するに点とそれらを線でつないでできた一種の図形で，簡単な「トーナメント」の表から始まって，実に多彩な使われ方がある．総じて，複雑なものを簡単に，誰にも見やすく表現する場合に用いられるが，実際にはきわめて大がかりで複雑な応用例が多い．本書で扱うのは，基本的で簡単なものに限らざるを得ない．その基礎としては，学校で教えるにもあたらない常識的なことがらが多い．予備知識をあまり必要としない格好の頭の体操ともなる．もちろん，受験数学とは無縁である．

　しかし，一筆書きや平面的と立体的の区別など，しだいに複雑となるが，それだけ興味ある概念に出会うだろう．最後に **4 色問題**に触れる．「平面的な」地図ならば，その中の国あるいは県は必ず 4 色で，あるいはそれ以下の数の色で塗り分け可能だ，という経験的な事実を数学的に証明しようとなると，意外にむずかしく，最終的な解決は 1970 年代になってしまった．しかも，その証明にはコンピューターが駆使され，伝統的な証明とはかなり違ったものとなった．その事情を理解するには，高度に専門的な過程をふまなければならない．本書では，「コラム」で簡単に説明することとしよう．いずれにしても，コンピューターの発展に従って，基礎的な数学のあり方も変わるのかもしれない．

3.1　グラフとは何か

　図3.1は，おなじみのトーナメントの表である．だれが発明したのか知らないが，こういうグラフで表現しないとしたらどんなに不便なことか，想像してみよう．参加者，あるいはチームの名前が，今の場合アルファベットで書いてあるが，表そのものとしては，●と，それらを結ぶ線とからできている．●を線で結ぶだけならば，図の右のように描いても一向に差し支えはない．

　次の図 3.2 は，バス旅行の座席を決めるための表である．女性の A, B, C と，男性の X, Y, Z の 6 人だが，二人掛けの座席 3 つにどう座ってもらうか，そのための資料である．というのも，仲のいいペアとそうでない組があり，できれば

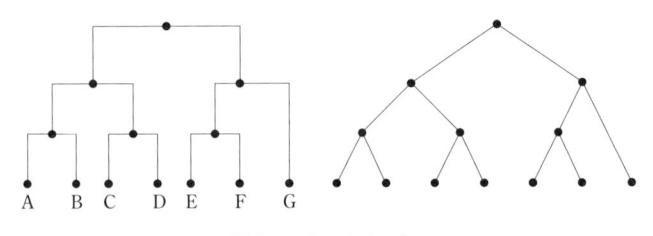

図 3.1 トーナメント.

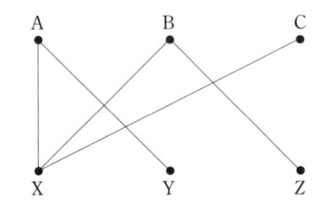

図 3.2 なかよしの表 (1).

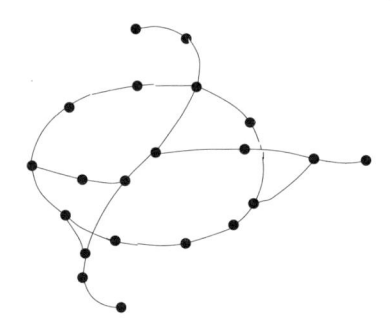

図 3.3 地下鉄の路線図.

仲のいいペアを選んで座席を決めたいのである．図で，線で結ばれているのが，どう見ても仲のいいペアなのである．この図からみると，まず AY，CX という組は決まりである．あとは，BZ とすればちょうどうまくいくことがわかる．これも便利な図であるが，やはり ● と線からできている．

図 3.3 は，地下鉄の路線図である．これも同様の構造をもつ．この図では，駅の間の距離とか，曲がっているかどうかなど，実際の地形などは簡略化されているが，駅の間の相互のつながりを見るには便利である．2 つの線が交差していても，● がついていなければ，そこは乗り換え可能ではない．多分線路が立体交差

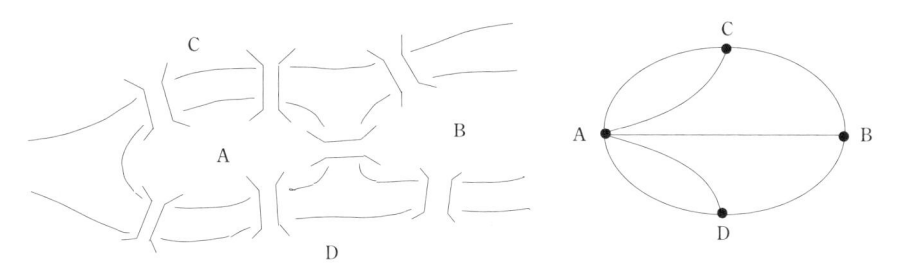

図 3.4 ケーニヒスベルクの橋.

しているのである.

このような意味の地図としては,**一筆描き**の問題がある.最も有名なのが,**ケーニヒスベルクの橋**である.ケーニヒスベルク（Königsberg）というのは,かつてプロシア帝国の都市で,今ではロシアに属し,カリーニングラード（Kaliningrad）という名前になっている.ここに,図 3.4 の左の図で示すような,川と島があり,7 つの橋がかかっていた.この橋を全部通り,町を散歩することができるか,という問題を考えた人がいた.ただし,同じ橋は一度だけ渡るという条件つきである.18 世紀の町の人たちは,この問題を当時の大数学者であったオイラー（L. Euler）に尋ねた.オイラーはそれに解答を与えたが,そのとき彼は問題を簡単化して,図 3.4 の右の図のような図の一筆描きの問題にしたのである.この図では,橋は線,陸地は●で表されている.陸地の上でどういう道を通るかということはこの際問題ではないので,このような図で表すのがいちばん便利なのである.このように問題を**単純化**することはきわめて重要である.

以上の例で出てきたのは,すべて●と,それらを結ぶ線とからできている.このようなものを,以後**グラフ**（graph）とよぶことにする.関数のグラフとか,統計のグラフなどもよく出てくるが,ここで言うグラフとは,このように特別の意味で使われるものに限定する.このような意味でのグラフの場合,●を**頂点**（vertex）と名づける.また線のほうは,**縁**または**辺**（edge）とよばれる.

上に見たような簡単な例だけでなく,これを複雑にした図形による表現は,いろいろな場合に使われている.最初に見たトーナメントの組合せにしても,たとえば 3 人で行うゲームの勝ち抜き戦を考えると,少し複雑になる.こういうゲームがあるかどうか知らないが,とにかく 1 試合で一人が勝ち残って次に進むという設定では,図 3.5 のようになるだろう.

特にコンピューターでこういう表を作り,さらににそれが膨大なものとなる場

3 グラフ理論

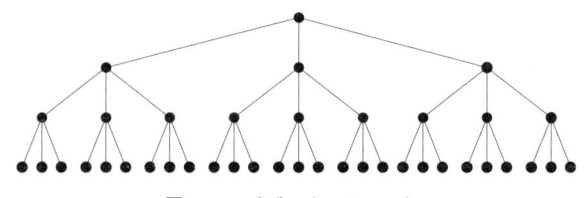

図 3.5 3人戦のトーナメント．

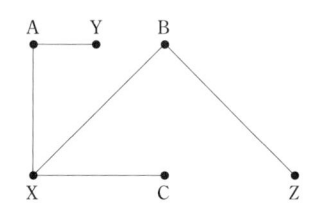

図 3.6 なかよしの表 (2)．

合，頂点がいくつあるか，辺が何本あるか，その相互の関係はどうなのか等々，図形としての一般的な性質をおさえておくことが必要不可欠となる．また，コンピューター自身の働き方の設計図とでもいうべきプログラムを書くとき，図 1.1 や図 1.5 でみたような「流れ図」をうまく利用することも必要で，このような「図」自身の性質を知ることも重要となる．さらに，辺が一見交わってはいるが，実際にはつながっていない場合も図 3.2，3.3 で出会っている．たとえば図 3.2 では，少し書き換えて図 3.6 のようにすれば，交わりはなくなり，完全に 1 枚の平面の上に描くことができる．図 3.3 も同様であるが，試してほしい．しかし，線をどう変形しても交叉を取り除くことができないグラフも存在し，本質的に「平面的」かどうかについての一般的な考察も必要な場合が出てくる．前にも言ったように，特に図形自身をコンピューターに描かせる場合，人間がいちいち監視していくわけにはゆかないので，こういう「一般論」が欠かせなくなる．

こうした事情があるので，以下では，このようなグラフの数学的性質を調べることを目的とする．グラフには，それ特有の興味深い数学的な特徴がたくさんある．数学それ自体としても，発展しつつある領域で，**グラフ理論**とよばれている．数の連続性が最も重要な役割を果たす微分積分学などとは違って，**離散数学**の分野に属する．

3.2 基礎的な諸概念

3.2.1 頂点と辺

頂点と辺に番号をつける．たとえば図 3.2 の場合は図 3.7 のようになる．この例では，頂点は全部で 6，辺は全部で 5 ある．これらを

$$V = 6, \quad E = 5$$

と表す．それぞれの頂点，辺を一般には $V_i(i = 1, \cdots, V)$，$E_j(j = 1, \cdots, E)$ のように書く．

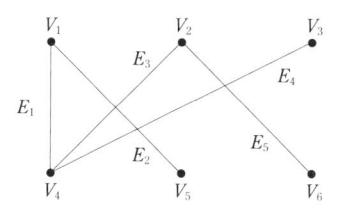

図 3.7 なかよしの表 (3)．

問題 3.1　これまでに出てきた他のグラフについても，頂点や辺に番号をつけ，V, E を求めよ．

図 3.7 で，V_1 と V_4 は辺で結ばれている．そういう関係にある 2 頂点は，**隣り合っている** (neighboring) という．この図で隣り合っている頂点の組を全部あげると，

$$(V_1V_4), \quad (V_1V_5), \quad (V_2V_4), \quad (V_2V_6), \quad (V_3V_4)$$

となる．

また，辺 E_1 は頂点 V_1 と頂点 V_4 に**つながっている**，あるいは**入っている** (incident) という．全部をあげると，

$$\left.\begin{array}{l} E_1 \text{ は } V_1, \ V_4 \\ E_2 \text{ は } V_1, \ V_5 \\ E_3 \text{ は } V_2, \ V_4 \\ E_4 \text{ は } V_3, \ V_4 \\ E_5 \text{ は } V_2, \ V_6 \end{array}\right\}$$

につながっているということになる．このように，辺は両端の頂点を指定すれば決まってしまうので，たとえば，辺 E_1 は，両端の頂点の番号を使って $E_{1,4}$ と書くのが便利なこともある．

逆に，それぞれの頂点にどの辺がつながっているかを示すこともできる．

$$\left.\begin{array}{l} V_1 には E_1, \ E_2 \\ V_2 には E_3, \ E_5 \\ V_3 には E_4 \\ V_4 には E_1, \ E_3, \ E_4 \\ V_5 には E_2 \\ V_6 には E_5 \end{array}\right\}$$

がつながっている．

ところで，ある頂点に何本の辺がつながっているかも，グラフの特徴にとって重要であろう．その本数を，その頂点の**次数**（degree）とよび，d_i で表す．上の例で言えば，

$$\begin{cases} d_1=2, \ d_2=2, \ d_3=1, \\ d_4=3, \ d_5=1, \ d_6=1 \end{cases}$$

である．

これについては，次の重要な定理がある．すなわち，1つの辺にはかならず両端があり，片方の端が，それがつながる頂点の次数に1だけの寄与をする．したがって，すべての頂点についてその次数を足し合わせると，辺の総数の2倍になる．

[定理1]

$$\sum_{i=1}^{V} d_i = 2E \tag{3.1}$$

図 3.7 の例では，

$$\begin{aligned} \sum_{i=1}^{V} d_i &= d_1 + d_2 + d_3 + d_4 + d_5 + d_6 \\ &= 2+2+1+3+1+1 = 10 = 2E \end{aligned}$$

となっていることが確かめられる．

問題 3.2 図 3.1, 3.2, 3.4 のグラフについて，この関係を確かめてみよ．

式 (3.1)，あるいは単に次数の総和が偶数だという関係は，**握手原理**という名前でも知られている．その点を少し説明しよう．図 3.2 を，あるパーティーに出席した 6 人が誰と握手したかを示す図と考え直す．すなわち，仲がよいとして結ばれた線は，互いに握手したことを表すとみなすのである．たとえば A さんは X さん，Y さんとは握手したが，Z さんとは握手しなかった，などである．A さんは 2 度握手したわけだが，これは点 A の次数 $d_1=2$ としても表されている．これ

については図3.7，およびそれに続く説明を見てほしい．そして，参加者のした握手の総数は $d_1 + d_2 + \cdots = \sum d_i$ で，これはまさに（3.1）の左辺にほかならない．

これに関連して，たとえば握手の回数が奇数回であった人の人数は偶数であった，ということも導かれる．なぜならば，もしそうでなかったならば，すなわちそうした人が奇数人いたとすると，$\sum d_i$ の中で次数が奇数の項だけ取り出して和をとると，奇数の奇数倍で，やはり奇数となる．一方握手数が偶数の人についての和は，いずれしても偶数となる．それらの和はどうしても奇数となり，（3.1）の右辺が示すように偶数とはならない．こうなったのは，奇数回の人が奇数いるとした仮定がまちがっていたと考えなければならず，結局，奇数回握手した人の数は偶数でなければならない，と結論される．実際，図3.2を調べると，奇数回握手したのはC，X，Y，Zの4人で，たしかに偶数であることが確かめられる．人数が多いと，このように直接確かめるのは容易でなくなるだろうが，（3.1）に基づけば，一般的に結論されるのである．

問題3.3 参加者数が全部で奇数のパーティーがあったとする．その中には，偶数回握手をした人が必ずいたはずである．これを証明せよ．

この小節の最後に，頂点や辺の数から言って，非常に特別で，ほとんど意味のないくらい簡単で**自明な**（trivial）グラフをあげておく．

$$\begin{cases} 1\,\text{頂点} & \bullet & V=1,\ E=0,\ d_1=0 \\ 1\,\text{辺} & \bullet\!\!-\!\!\bullet & V=2,\ E=1,\ d_1=d_2=1 \\ 1\,\text{ループ} & \bullet\!\!\bigcirc & V=1,\ E=1,\ d_1=2 \end{cases}$$

第3のグラフのように，辺が閉じた曲線になっているものを**ループ**（loop）とよぶ．これまで含めて（3.1）が成り立っている．

3.2.2 木，サイクル，連結

さて，1頂点という，最も自明なグラフを除くと，いちばん簡単なのは，1列になって伸びる図3.8のようなグラフであろう．

図3.8 1列のグラフ．

これについては，
$$V = E + 1 \tag{3.2}$$
が成り立っている．これは1点だけのグラフについても正しいことを覚えておこう（$V=1, E=0$）．これに，図3.9のようにいろいろ**枝**をつけていくことができる．

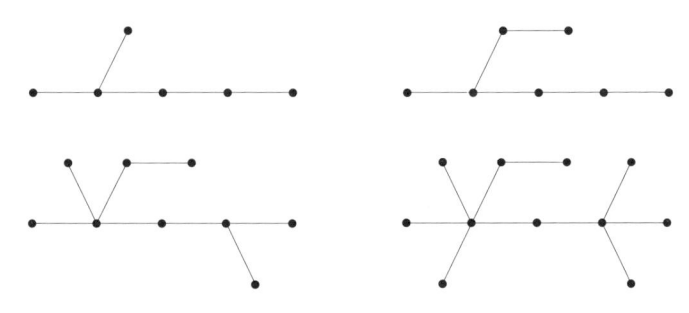

図 3.9 木のグラフ.

しかし，どこまでやっても (3.2) が成り立っていることがわかる．その理由は，枝をつけ加える操作では，常に E が 1 つ増えるごとに V も 1 だけ増すからである．辺の先端はいつでも頂点である！ ただし，枝の先がすでにある頂点のどれかに戻ってしまうと話は別である．たとえば図 3.10 を見よ．

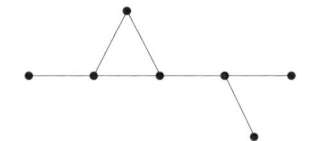

図 3.10 サイクルのあるグラフ.

そうなると，V は増えずに E だけが増すので，一般には

$$V < E+1 \tag{3.3}$$

となる．

枝がもとの幹にくっついてしまうと，1 つの閉じた経路ができてしまう．このような経路を**サイクル**(cycle) とよぶ．そして，サイクルのないグラフを，**木**(tree) と名づける．木については，常に (3.2) が成り立つ．また (3.2) が成り立てば，そのグラフは必ず木である．すなわち，サイクルを含まない．言い替えると (3.2) は，そのグラフが木であることの必要十分条件である．

問題 3.4 図 3.11 のグラフの中で木であるのはどれか．また (3.2)，あるいは (3.3) が成り立っているかどうか，直接確かめてみよ．

問題 3.5 図 3.1 は木である．したがって (3.2) が使える．また当然 (3.1) も成り立つ．ところで参加するチームの数を n，また試合の数を m とする．そこで図 3.1 のタイプのグラフについて，頂点には 3 種類あることに注意しよう．すなわち最底辺の各チームを表す次数 1 のもの，ピラミッドの頂

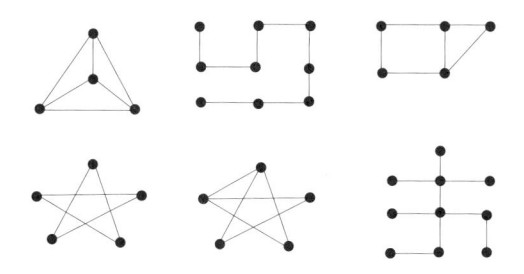

図 3.11 木およびサイクルのあるグラフ.

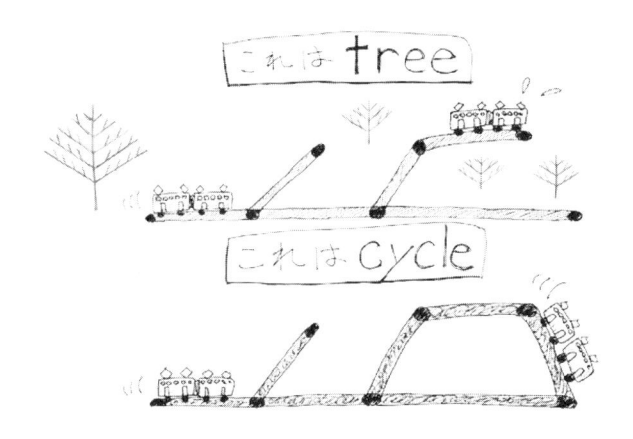

点となる優勝戦を表す次数 2 のもの，その他の各試合を表す次数 3 のものである．このことを使って (3.1) を表せ．また頂点の総数 V を n と m で表せ．これらの結果から，n を m で表す式を導け．

ところで，もう 1 つ変わった種類のグラフがある．たとえば，図 3.12 のようなものである．要するに，2 つ，あるいはそれ以上に分かれてしまっているグラフである．これらを**非連結グラフ**（disconnected graph）という．逆に，1 つにまとまっているものは**連結グラフ**（connected graph）とよばれる．非連結になると，(3.2), (3.3) は一般に成り立たなくなる．特に，それぞれの部分が木である場合

$$V > E+1 \tag{3.4}$$

となる．木からのみできている非連結グラフは，特に**林**（forest）とよばれる．

連結の木において，辺を 1 本取り除くと，非連結な林になる．しかし，サイク

3 グラフ理論

(a)

(b)

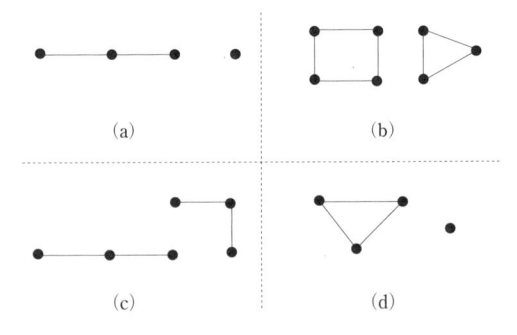

(c)

(d)

図 3.12 非連結のあるグラフ．

トーナメントの試合数

私が中学1年生の時，佐藤先生という数学の先生の授業を受けた．そのとき，甲子園の高校野球（当時の学校制度では中学野球であったが）の試合数についての話しがあった．ちょうど図3.1のようなものを黒板に書かれたが，当然，不戦勝の複雑な入り方が予想されてのことであった．こんなのは，教科書にはなかったのだが，先生はそういう「脱線」を時々してくれることでも人気があった．ところで先生は，試合数はいくつになると思うか，という問題を出された．参加校の総数はわかっているのだが，上に述べたように，不戦勝などを考慮すると，図はかなり複雑なものとなるはずであった．授業の中で，特にその詳細を話されたわけでもなかった．あてられた生徒は，誰も即座に答えることはできなかった．そこで先生はおもむろに答えを述べたのである．つまり，参加校数マイナス1である．と言われても，誰もすぐには理由がわからなかった．しかし，先生の説明はまことに簡単であった．

甲子園の球場を思い浮かべよう．1試合終わるたびに，負けた学校が1つ球場から出て行く．最後の決勝戦でも準優勝の学校が出て行くが，優勝校は出て行かない．この段階までで出て行ったのは，優勝校以外の学校すべてであった．つまり，参加校数マイナス1の学校が出て行った．つまりそれだけの数の試合が行われたのであって，不戦勝がどんなに複雑な方法で行われても，結果としてこうなるはずであった（ただ，引き分けはないものとしての話し）．

これを聞いたときの私の驚きは，今でも忘れられない．物事を全く別の視点から眺め直すことのおもしろさ，有効さに打たれたのであった．数学とはこういうものか，という1つの悟りが開けたような気がした．第2章で，はじめて計算尺に触れたときのことを書いたが，そのときの先生も，同じ佐藤先生であったことを書き加えておきたい．

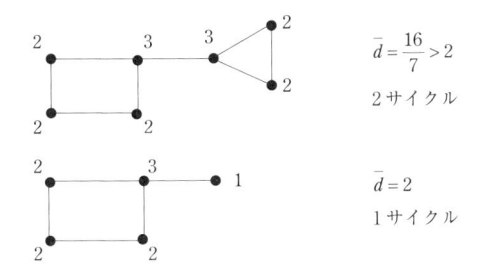

図3.13 次数の平均値とサイクルの数.

ルを含む連結グラフの1本の辺を除去しても,必ずしも非連結になることはない.もしサイクルが1個の場合であれば,サイクルの中の辺の除去の結果,木になる.

これまでにわかったことからいろいろな結論が得られるが,たとえば,

"ある連結グラフの次数の平均値が2より大きければ,少なくとも2個のサイクルが含まれていることを示せ."

というような問題がある.実例を示そう.図3.13で頂点につけた数字は次数で,また $\bar{d}$ は次数の平均値である.

証明は次のようになる.題意より,

$$\frac{d_1+d_2+\cdots}{V} > 2$$

ここで (3.1) を使うと,

$$\frac{2E}{V} > 2 \quad \text{したがって} \quad V < E \qquad (3.5)$$

(3.2) によると,このグラフ G は木ではない.したがって,何個かのサイクルを含むはずである.そのうちの1つのサイクルの1辺を取り除く.そうしてできたグラフ G' は,もとと同じ $V'=V$ をもつが,$E'=E-1$ は1つ減っている.したがって (3.5) によると,

$$V' < E'+1 \qquad (3.6)$$

となるが,再び (3.2) によると,G' は木ではない.すなわち,サイクルを含む.サイクルを1個壊したのにさらにサイクルを含むのだから,結局 G は,もともと2個,またはそれ以上のサイクルを含んでいたはずである. ―証明終―

サイクルの辺をを取り除いていく過程で,次数の平均値が減少し,それに従ってサイクルの数も減って,ついにサイクルが1個になっていく様子を,次の図3.14の例で,上から順に示そう.

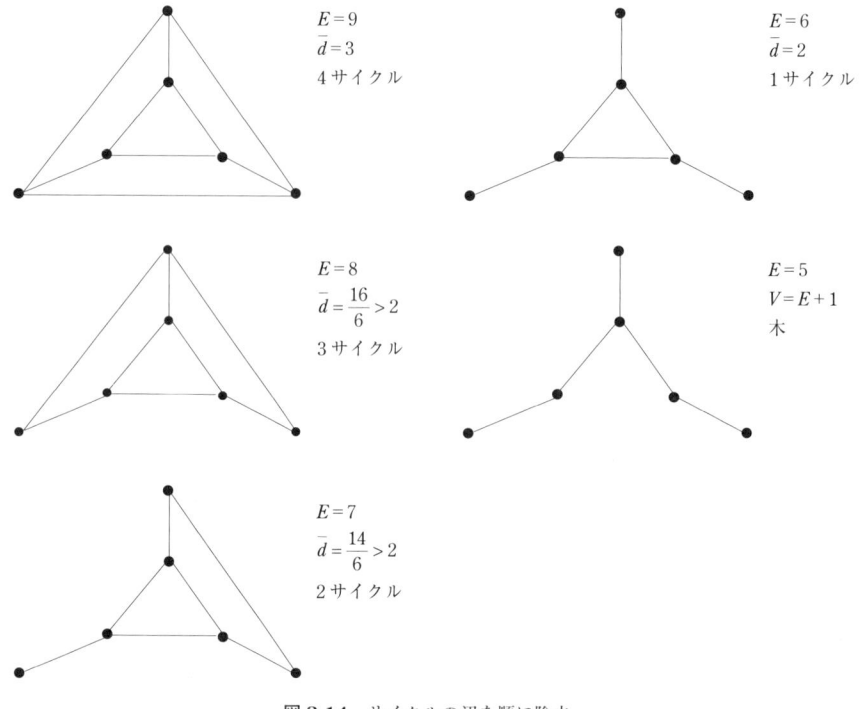

図 3.14　サイクルの辺を順に除去.

　ここでサイクルの数の数え方について注意しておこう．少し複雑だが，できれば読んでほしい．一番上のグラフにおいて，サイクルはもっとたくさんあるように見える．実際数え方によっては 11 ある．しかし，**独立**なものは 4 個である．ほかのものは，その 4 個によって作ることができる．たとえば次の図 3.15 で，(a)（の実線）は一番外側のサイクルである．(b) は中間のもので，これと同じ形のものが 3 個ある．(c) はまんなかの三角形のサイクルである．これだけで都合 5 個ある．その中の 1 つは，他の 4 個で表せる．下のほうに描いたのは，(b) と (c) を「足す」操作である．すなわち，各辺に矢印をつける．そうして重ねると，重なった辺では矢印が逆向きになっているが，これは同じ辺を行って帰ったことを表している．その結果，最も右のサイクルになる．これと同じ構造のものも，やはり 3 個あるが，結局それらは，(b) と (c) とで表してしまうことができる．そういう意味で，一番右に描いたものは独立ではないという．そういう意味で図 3.14 では，独立なサイクルの数が書いてある．

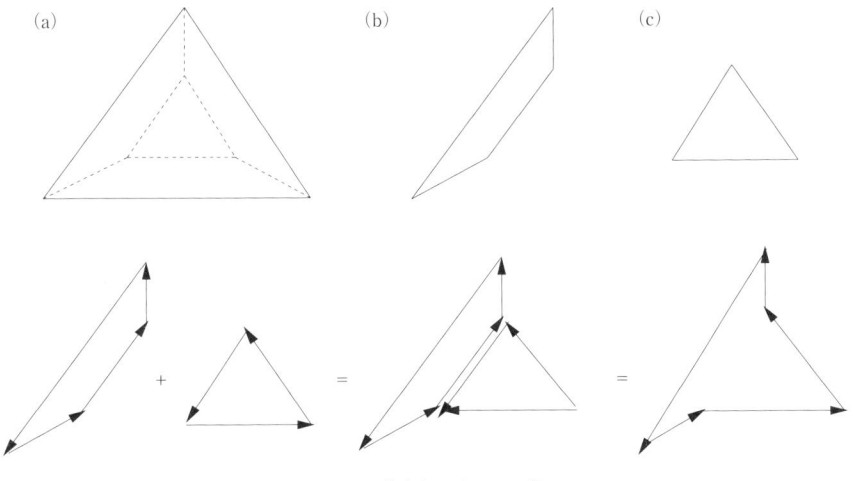

図 3.15　独立なサイクルの数.

3.2.3　同型

図 3.16 の 4 つのグラフは，結局は同じものである．まず左の 3 つは，引き延ばしてみれば，右端の，一番単純な木になる．

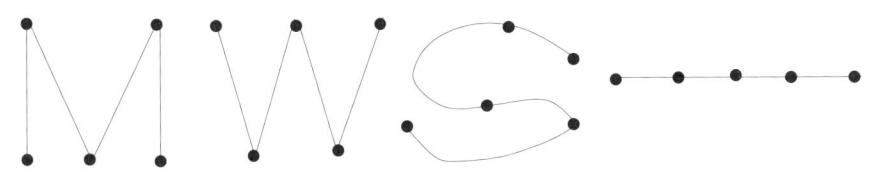

図 3.16　同型のグラフ (1).

図 3.17 の 2 つも同じであるようにみえる．そこをもう少し厳密に言うにはどうすればよいだろうか．それを調べるには，まず各頂点に番号をつける．たとえば，(b) のようにする．どちらの図でも，V_1 と V_2 は隣り合っている．V_2 と V_3 も隣り合っている．V_3 に隣り合っているのは，(a) では V_2, V_4 と V_6 である．ところが (b) では V_3 に隣り合っているのは，V_2, V_4 と V_5 である．少し違う．この後を調べると，やはり少しだけ違う．しかし，この違いは表面的なものにすぎない．(b) のほうで，頂点の番号のつけ方を少し変えて，(b) で ( ) の中に示したようにつけてみる．そうすれば，たとえば V_3 に隣接するのは V_2, V_6, V_4 となり，(a) における関係と全く一致する．

3 グラフ理論

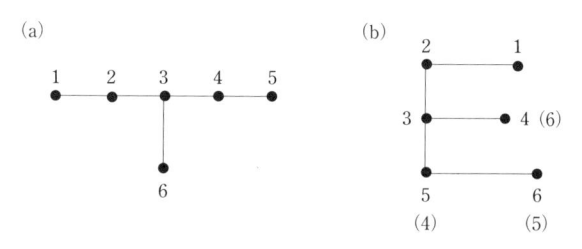

図 3.17 頂点の番号のつけかえ.

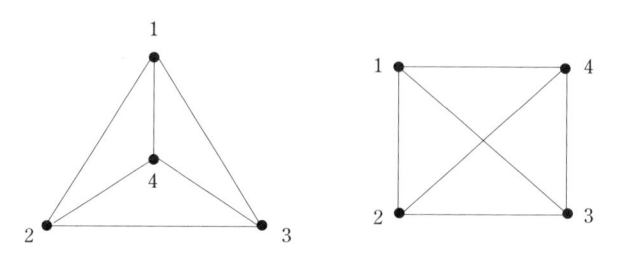

図 3.18 同じグラフの連結変形.

このような例からみて，2つのグラフにおいて，対応する頂点の隣接関係が同じならば，それらのグラフは同じものと考えてよい．このような意味で同じ，ということを，2つのグラフは互いに**同型**（isomorphic）であるという．

上に述べた番号つけの方法で言えば，番号をうまくつけさえすれば，グラフ G において $V_i, V_j, \cdots V_m$ が隣り合っているとき，グラフ G' においても $V_i, V_j, \cdots V_m$ が隣り合っていて，この関係がすべての頂点について成り立っているのである．

少し複雑な例として，図3.18の2つのグラフがある．どちらのグラフでも，V_1 は V_2, V_3, V_4 に隣接しており，また V_4 は V_1, V_2, V_3 に隣り合っている．そういう意味で，これら2つのグラフは，一見違っているみたいだが，実は同型なのである．実際，左の図で，V_4 を右のほうへ引きずっていくと，右の図になってしまう．

一般的に言って，同型なグラフは，「連続的な変形」によって互いに他へ移り変わることができる．なお当然のことながら，対応する頂点は同じ次数をもつ．したがって，2つのグラフが同型かどうかを調べる際，まず，次数が等しい頂点があるかどうかをチェックするのが役にたつだろう．

なお，上のグラフでは，どの頂点も，他のすべての頂点に隣り合っている．つ

まり，他のすべての頂点に，辺を介してつながっている．このようなグラフを「完全グラフ」(complete graph) と名づける．特に，上の場合は頂点の数が4なので，K_4 という記号が用いられる．

問題 3.6 図 3.19 の 3 組のグラフは，互いに同型であることを，連続変形によって具体的に示せ．

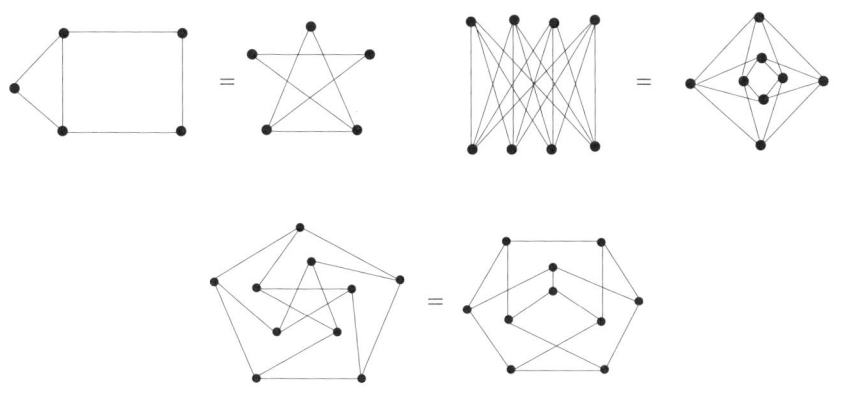

図 3.19 同型のグラフ (2)．

3.2.4 特別なグラフ

ある種の特別なグラフがよく出てくる．まず

多重グラフ (multiple graph)：これは図 3.20 のように，**多重辺**を含むグラフをさす．このグラフは，ときにはグラフとはよばれないこともある．

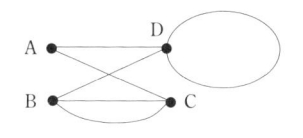

図 3.20 多重グラフ．

上の図の頂点 D にくっついているものは，同じ頂点に戻ってくる多重辺で，これは前にも述べたループである．

完全グラフ (complete graph)：どの頂点も，他の頂点すべてに結ばれているもの．n 頂点の完全グラフは K_n という記号で表される．次の図 3.21 を見よ．

2 部グラフ (bipartite graph)：頂点が 2 つのグループに分かれ，1 つのグルー

3 グラフ理論

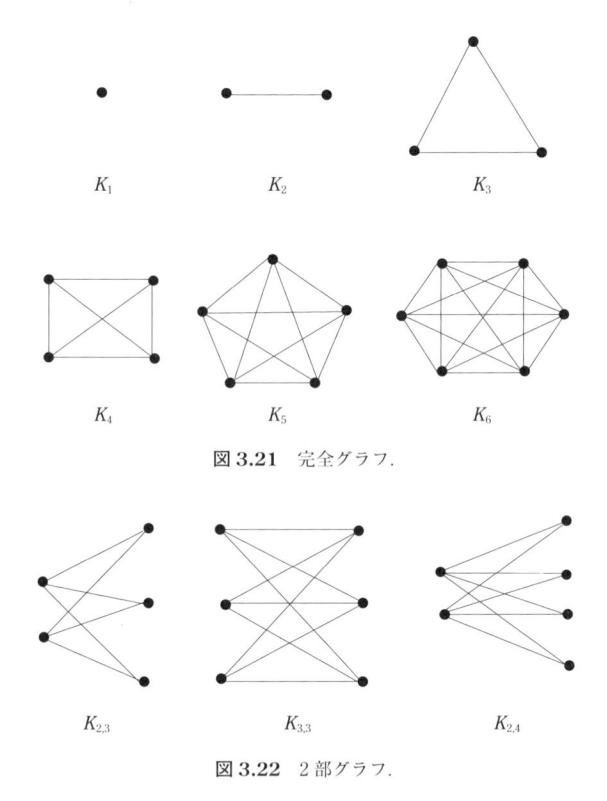

図 3.21 完全グラフ.

図 3.22 2 部グラフ.

プの頂点は必ずもう 1 つのグループの頂点とのみ結ばれているようなグラフ．図 3.2 あるいは図 3.7 はその一例．つまり，辺は必ず男性と女性を結んでおり，男性どうし，あるいは女性どうしを結ぶ辺はない．特殊な場合だが，木は常に 2 部であることに注意しよう．

頂点が 2 つのグループに分かれると言ったが，数学では**集合**の言葉で言うのが普通である．すなわち，あるグラフ G の頂点の集合 V が 2 つの**部分集合** M と N に分割され，辺はどれも M の頂点と N の頂点とを結ぶ，というように表現される．特に M の各頂点は N の頂点**全部**に結ばれる場合は，**完全 2 部グラフ**とよばれる．実例は次の図 3.22 にある．記号の意味も明らかだろう．

3.3 オイラー回路

ケーニヒスベルクの橋の問題にかかろう．これは結局，図 3.4 右の図の 1 つの頂点から出発して，すべての辺を一度だけ通り，出発点に戻ってこられるか，という問題である．

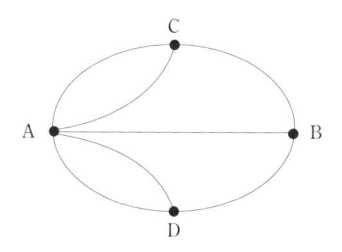

一筆描きの同様な問題は，図 3.23 のようなグラフに対しても考えられる．これらの特別の例の場合にかぎらず，同様のグラフを一般的に扱うために，いくつかの概念を導入する．少しわずらわしい感もあるが，理解すべき目標は，「回路」と「サイクル」といってよいだろう．

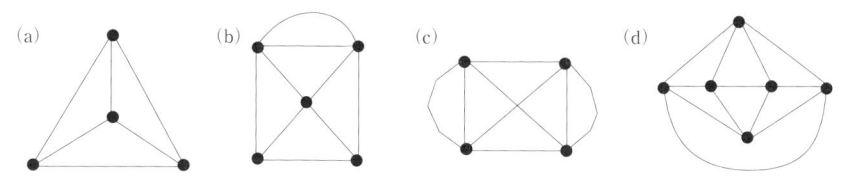

図 3.23 同じ性質のグラフ．

まず**歩道**（walk）．これはあるグラフ G の中の辺を次々に伝わっていく経路のことである．あるいは，辺に沿って歩いていくといってもよい．厳密に言うと，頂点と辺の交互の列ということになる．たとえば，図 3.24 (a) で，

$$V_1 e_1 V_2 e_2 \cdots V_{n-1} e_{n-1} V_n$$

のようなものである．

もし，$V_n = V_1$ ならば**閉歩道**（closed walk）（たとえば (b)），そうでなければ**開歩道**（open walk）という（たとえば (c)）．

小径（trail）．同じ辺が繰り返して現れることがない歩道．すなわち，この歩道の上では，辺はすべて異なる．図 3.24 (b), (c) はいずれも trail で，それぞれ closed trail, open trail ともよばれる．一方 (d) は，open walk だが，trail で

図3.24 サイクルのいろいろ.

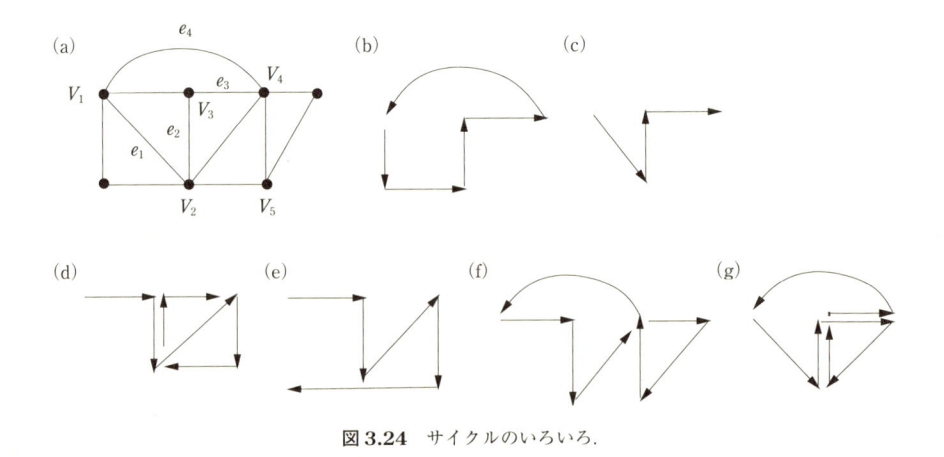

はない.

　道（path）．小径であるが，その上の頂点がすべて異なるもの．したがって，頂点も辺もすべて同じものはない．(b), (c) は path であるが，(e) は path ではない.

　回路（circuit）．**閉小径**（closed trail）を特にこのようによぶ．たとえば (b), (f) のようなもの．これに対して (g) においては，辺の中に繰り返されているものがあるので circuit ではなく，単に closed walk である．さらに circuit の中でも，特に頂点も全部異なるものを**サイクル**（cycle）と名づける．たとえば (b) がその例である.

　オイラー回路（Eulerian circuit）．G のすべての辺と頂点を含む回路．頂点は繰り返し現れてもよいが，辺は一度ずつしか通らない．すなわち，ケーニヒスベルクの問題は，オイラー回路があるかどうかという問題である．図3.23 の (c), (d) はオイラー回路をもつ．その道筋の例を具体的に示すと図3.25 のようになる.

　これについては，相談を持ちかけられたオイラーが証明した定理がある.

[定理 2]

　グラフ G がオイラー回路をもつならば，G は連結で，すべての頂点の次数は偶数である.

　この証明は簡単である．連結であることは当然だろう．次に，もし奇数の次数をもつ頂点があったら，そこを出ていくことはできても，帰ってくることができない．オイラー回路では，すべての頂点を通る閉回路があるのだから，すべての

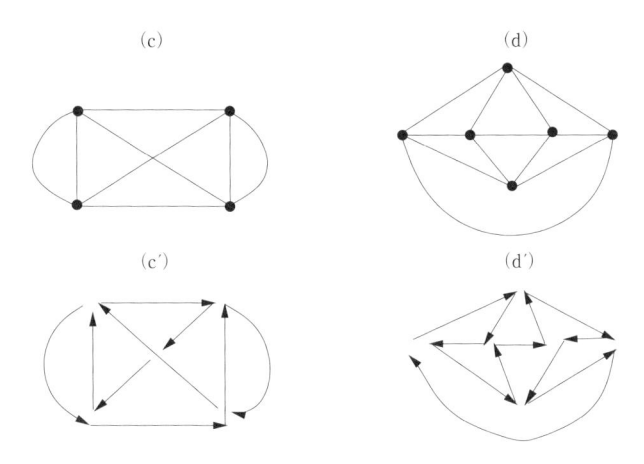

図 3.25 オイラー回路の例.

頂点で，出ていく辺と入ってくる辺とがなければならない．すなわち次数はすべて偶数でなければならない．ケーニヒスベルクのグラフでは，すべての頂点は奇数の次数をもつ．したがって，このグラフにはオイラー回路はあり得ない．

ところで，この定理の逆は正しいだろうか．これが正しいことは，100 年以上たって証明された．まず，どんなことが問題となるか，簡単に見ておこう．

たとえば，図 3.26 (a) を見よう．すべての頂点は偶数の次数をもつ．出発点として，次数が 2 の A から出発したとしよう．今きた辺を直接戻ることはしないとする．もちろん，同じ辺は繰り返さないとする．全体が連結だからとにかく戻ってくることはできる．問題は，全部の辺を通り尽くすことができるか，ということである．たとえば，図 (b) の実線で示した回路は，全部を尽くしてはいない．しかし，G は連結であるから，ほかの辺につながるどれかの辺は，実線の頂点のどれかに必ずつながっているはずである．たとえば B 点のように．

この頂点ももちろん偶数次数をもつから，出ていってまた帰ってくるための辺が用意されている．そうやって作った新しい回路が，図の点線である．そこで，前の実線と，今度の点線とを結び直して，図 (c) の実線にしてしまう．これでも，まだ全部を尽くしていないとする．ところが，たとえば C では，再び未踏差の領域につながる辺がある．また帰ってくる辺もある．このような操作を続けていけば，最後にはグラフ全体を覆うことができるだろう．それを定理にすると，次のようになる．

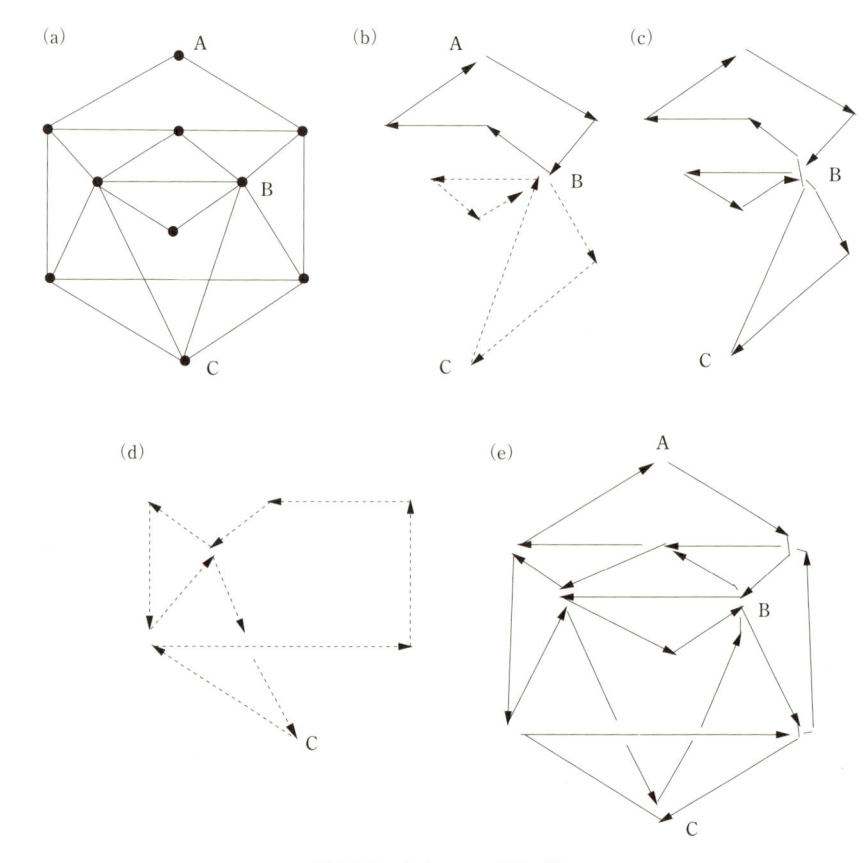

図 3.26 オイラーの定理の逆.

[定理 3]

グラフ G が連結で，すべての頂点の次数が偶数ならば，G はオイラー回路をもつ．

証明としては，背理法を使う．つまり，最大長の回路があって，これがグラフ全体を覆っていないとしてみる．ここで出てきた**長さ**というのは，回路に含まれる辺の個数のことである．すなわち，1つ1つの辺は，長さが1であるとするのである．最大長というのは，あらゆる可能な回路の中で，長さが一番大きいという意味である．もし，このような回路には含まれない辺があるとすると，どこかの頂点から，未踏査の部分につながっていくはずである．上の例でいうと，頂点

図 3.27 オイラー回路は？．

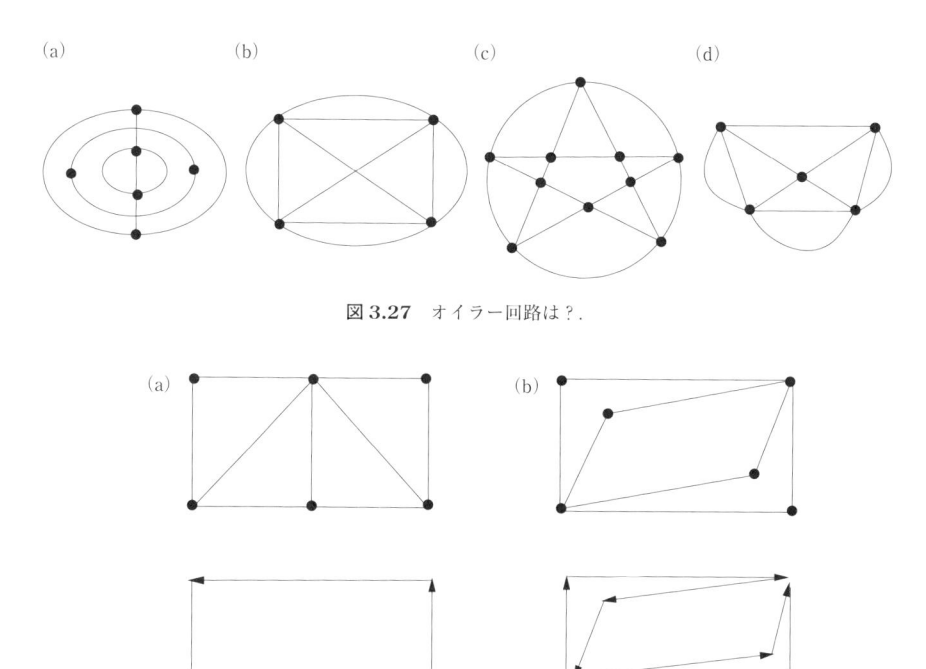

図 3.28 ハミルトンサイクルとオイラー回路．

Bのようなものである．そこから出発してまた戻ってくる回路が見つかったとする．これらの2個の回路をつなぎ直して，新しい回路を形成する．その長さが，以前の回路の長さより長いのは明らかである．すなわち，はじめの回路が最大長であったという仮定に矛盾する．したがって，はじめの回路が，グラフ全体を覆わなかったとする仮定がまちがっていたことになる．

問題 3.7 図 3.27 の中で，オイラー回路をもつのはどれか．あれば，それを具体的に示せ．もたないものについては，その理由を示せ．

オイラー回路に似ているが，少し違ったものに，**ハミルトンサイクル**（Hamilton cycle）とよばれるものがある．これはグラフのすべての頂点をちょうど1回ずつ含む閉歩道である．たとえば図 3.28 の (a) である．これのハミルトン歩道も示してあるが，通らない辺もあるので，オイラー的ではない．一方 (b) のほうはオイラー的であるが，2度ずつ通る頂点があるので，ハミルトン的ではない．

ハミルトンサイクルは，**巡回セールスマン問題**に関係がある．つまり，ある地

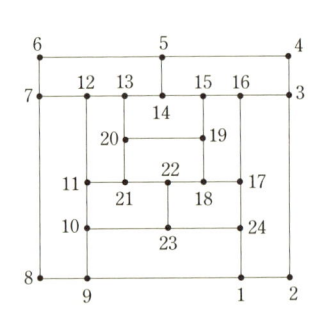

図 3.29 動物園のハミルトンサイクル．

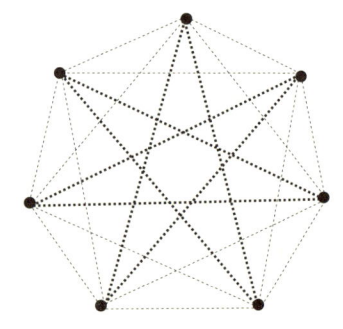

図 3.30 K_7 のハミルトンサイクル．

域内のすべての都市を最短距離で訪問するにはどのコースをとればよいか，という問題である．あるいは，図 3.29 は，動物園の檻を全部，1 回だけ訪れるコースを示している．これと同じ種類の問題は，いろいろな場面に登場し，プログラミングのうえで重要な課題となっている．それにもかかわらず，ハミルトンサイクルが存在するかどうか，またそれをどのようにして見つけるかについては，簡単な一般的方法は発見されていない．

問題 3.8 図 3.30 の K_7 には，3 個のハミルトンサイクルが存在することを示せ．

3.4 地図の彩色

3.4.1 平面的グラフ

完全グラフ K_4 を図 3.31 (a) のように描くと，辺が交差していて，完全に平面的ではないように見える．しかし図 3.18 で見たように，(b) のように描くことも可能で，これならば交差する辺はない．このようなグラフを**平面的な**グラフ (planar graph) とよぶ．また (b) のような図を**平面表現**という．

とにかく平面的グラフを考える．多重辺があってもよい．このようなグラフは一般に**地図**（map）とよばれる．地図は，辺によっていくつかの領域に分けられる．ところで，ある領域は必ずいくつかの辺によって囲まれている．そのような辺の数を，その領域の**次数**（degree）とよぶ．ただし，これについては 2 つの注意が必要である．図 3.32 について説明しよう．

このグラフには，6 個の頂点と 9 個の辺がある．さらに，領域の数は 5 であることもわかる．領域 r_1, r_2, r_4 については何も特別のことはない．それぞれの次

3.4 地図の彩色

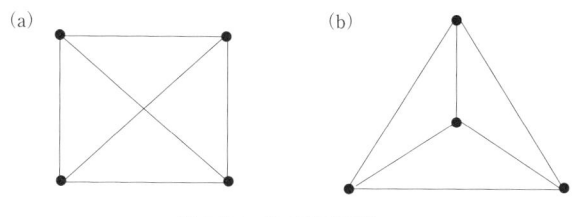

(a) (b)

図 3.31 K_4 の平面表現.

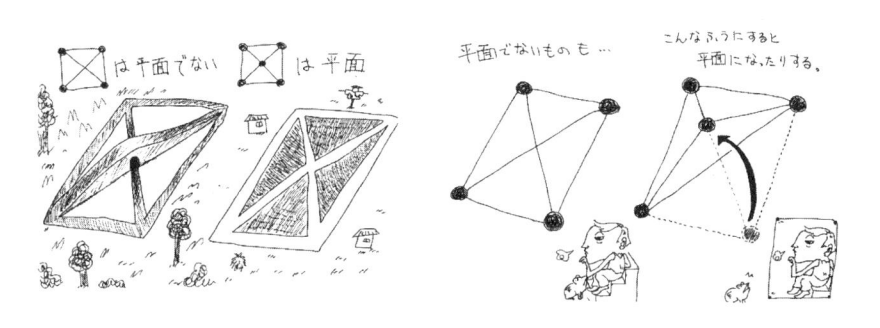

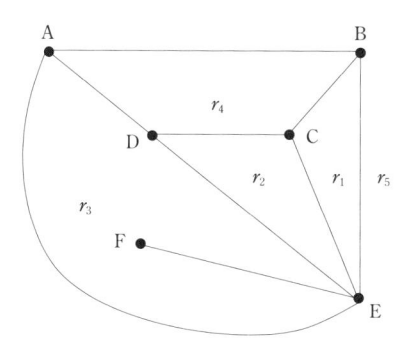

図 3.32 平面的なグラフ.

数は,
$$\deg(r_1) = 3, \ \deg(r_2) = 3, \ \deg(r_4) = 4$$
である.ところが「外側の」領域 r_5 は無限に広がっていて,遠くのほうは特に「辺」によって囲まれているわけではない.しかし,この場合は「内側の」辺によってのみ囲まれているとみなす.そうすると,

103

$$\deg(r_5) = 3$$

となる.

次に r_3 である. 問題は辺 EF である. これについては, $E \to F$ と $F \to E$ と 2 回数えることにする. 辺に沿って 1 周するとき, この辺の「表」と「裏」を通るとでも考えればよい. この約束によれば,

$$\deg(r_3) = 5$$

ということになる.

このように数えると, 1 個の辺には必ず 2 個の領域が付随することになる. したがって, 次の定理が得られる.

[定理 4]

$$\sum_{i=1}^{R} \deg(r_i) = 2E \tag{3.7}$$

上の例でも, これを確かめることができる. ここで R は, このグラフの領域の数である.

これを利用すると, 領域を R 個もつような連結平面的グラフについて, 次のオイラーの定理を証明することができる (オイラーの公式).

[定理 5]

$$V - E + R = 2 \tag{3.8}$$

これを証明するには, 次の手順を踏む.

ある平面的グラフにおいて, 次の 2 つの手続 (X), (Y) のいずれかを施す.

X：2 個の頂点を結ぶ辺を 1 本取り除く. ループの 1 辺でも同様.
Y：次数 1 の頂点があったら, それにつながる 1 本の辺とともに除去する.

この手続を繰り返していくと, 最後には 1 頂点だけになってしまう. 図 3.33

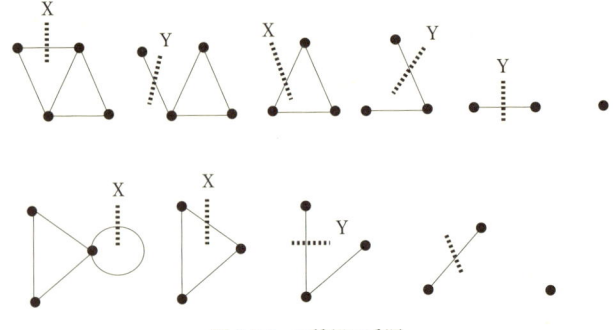

図 3.33 2 種類の手順.

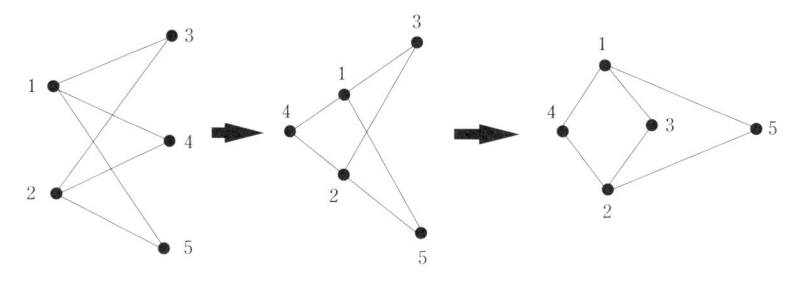

図 3.34 $K_{2,3}$ の平面表現.

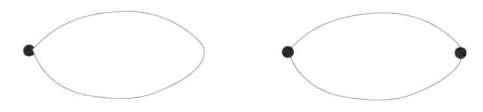

図 3.35 ループと多重辺.

の 2 つの例を参照せよ．ところで，手続 X においては V は変わらず，E と，またそれに従って R が 1 だけ減る．したがって，(3.8) の左辺の値はもとのままである．同様に手続 Y においては V と E はともに 1 だけ減少するが，R は変化しない．したがって，やはり (3.8) の左辺の値ははじめのままである．さらに，最終的な 1 頂点のグラフでは，$V=1$，$E=0$，$R=1$ なので，(3.8) の左辺 = 2 である．こういうわけで，どんな連結平面的グラフについても (3.8) が成り立つ．これで定理が証明された．

問題 3.9　これまでに出てきた平面的グラフについて，(3.8) が成り立っていることを直接確かめよ．特に K_4 や，図 3.14 の最初のグラフについてやってみよ．$K_{2,3}$ の平面表現については，図 3.34 を参考にせよ．

ところで，平面的でないグラフとは，実際どんなものだろうか．平面的かどうかについては，多重グラフでないグラフに関する判定条件がある．それを導こう．ただし，頂点は 3 個以上のものに限定する．頂点が 1 個や 2 個のものは，全く自明なので，あらためて議論するまでもないだろう．さらに，多重辺やループがないとするので，議論が簡単になる．もしループがあると，それによって囲まれる領域の次数は 1 であるし，多重辺によって囲まれる領域の次数は 2 である．図 3.35 を見よ．

このようなループや多重辺がない場合を考えるのだから，領域はすべて次数が 3，あるいはそれ以上である．

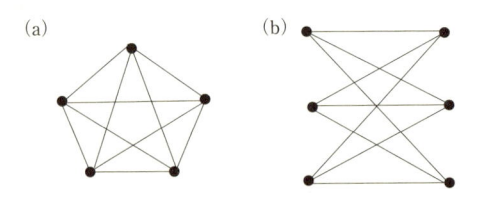

図 3.36 平面的でない K_5 と $K_{3,3}$.

$$\deg(r_i) \geq 3$$

したがって，

$$\sum_{i=1}^{R} \deg(r_i) \geq 3R \tag{3.9}$$

となる．ところで（3.7）が成り立っているから，

$$2E \geq 3R \tag{3.10}$$

が得られる．すなわち

$$R \leq \frac{2}{3}E$$

これを（3.8）に代入すると，

$$V - E + \frac{2E}{3} \geq 2$$

これを整理することにより

[定理6]

$$3V - E \geq 6 \tag{3.11}$$

が証明されたことになる．これが，グラフが平面的であるための条件である．

この結果の応用として，まず図3.36（a）の K_5 を考えてみよう．$V=5$，$E=10$ だから

$$3V - E = 5$$

となり，(3.11) に反する．したがって K_5 は平面的ではありえない．

次に図3.36（b）の $K_{3,3}$ は，もう少し複雑である．$V=6$，$E=9$ だから，$3V-E=18-9=9$ となり，(3.11) は満たされている．したがって $K_{3,3}$ は平面的と考えてよいだろうか．しかしこれは正しくなく，実際には $K_{3,3}$ は平面的ではない．しかし，これを証明するためには，もう少し複雑な考察が必要である．その詳細については**付録3.1**を参照してほしい．

非平面的なグラフとしては，ほかにもいろいろなものがある．しかし，それらは本質的に K_5，あるいは $K_{3,3}$ を含んでいることが証明されている．

問題 3.10　図 3.37 のグラフの中に平面的なものがあるか．あればその平面表現を描け．

3.4.2　頂点の彩色

頂点に色を塗る．ただし，隣り合った頂点には異なった色を塗ることにする．たとえば，図 3.38 を見よう．

このグラフは連結平面的で，8 個の頂点がある．その中で，次数が最高のもの

> **プリント配線**
>
> 平面的なグラフの例としてプリント配線をあげることができる．これは現在の「集積回路」(integrated circuit, IC) においては必要不可欠な技術である．中でもコンピューターの CPU（中央演算装置，central processing unit）は，特に小型化が求められている．普通，1 cm より小さな固まりの中に 1 万個以上の部品が詰め込まれている．「部品」というのは抵抗，コンデンサー，ダイオードなど，それから外部との接点となる端子であり，その一部は，それらを相互につなぐ電線とともに絶縁体の基板の上に「印刷」される．これらの部品と電線が，グラフ理論におけ点と辺に相当する．しかし，それらの数が 10^4 のオーダーになると，平面的かどうかの判定や実際に平面図形を描くのも容易ではない．実際にはコンピューターで実際に図形を描いてみる「シミュレーション」を使いながらの設計となるようである．
>
> どうしても平面的とならない図形の場合，全体をいくつかの集合に分割し，それぞれは平面的にするが，それぞれの平面を「重ねて」立体的にすることもある．実際の CPU の場合，そういう「盤」を，たとえば 6 枚重ねて，6 層の構造物とすることも多いといわれている．このように多層的にすることには，別の理由もある．それは，電線の総延長をできるだけ短くし，それだけ信号が伝わる時間を短縮することも重要な目的となってくるからである．そもそも小型化の目的の 1 つは，こういう意味での「高速化」であった．またそのためには，プリントされた配線も直線，直角ではなく，曲線として描く場合もあるという．
>
> この本で扱うのは，そうした問題までは扱わず，「辺」の長さや形には意味がないかのように考えているが，これも実際的な問題に入る以前の，一種の理想化された状況といえるだろう．そんな簡単な場合の問題として，後で 2 層にわたる平面的な場合を練習問題として考えることにする．

図 3.37　平面的か？.

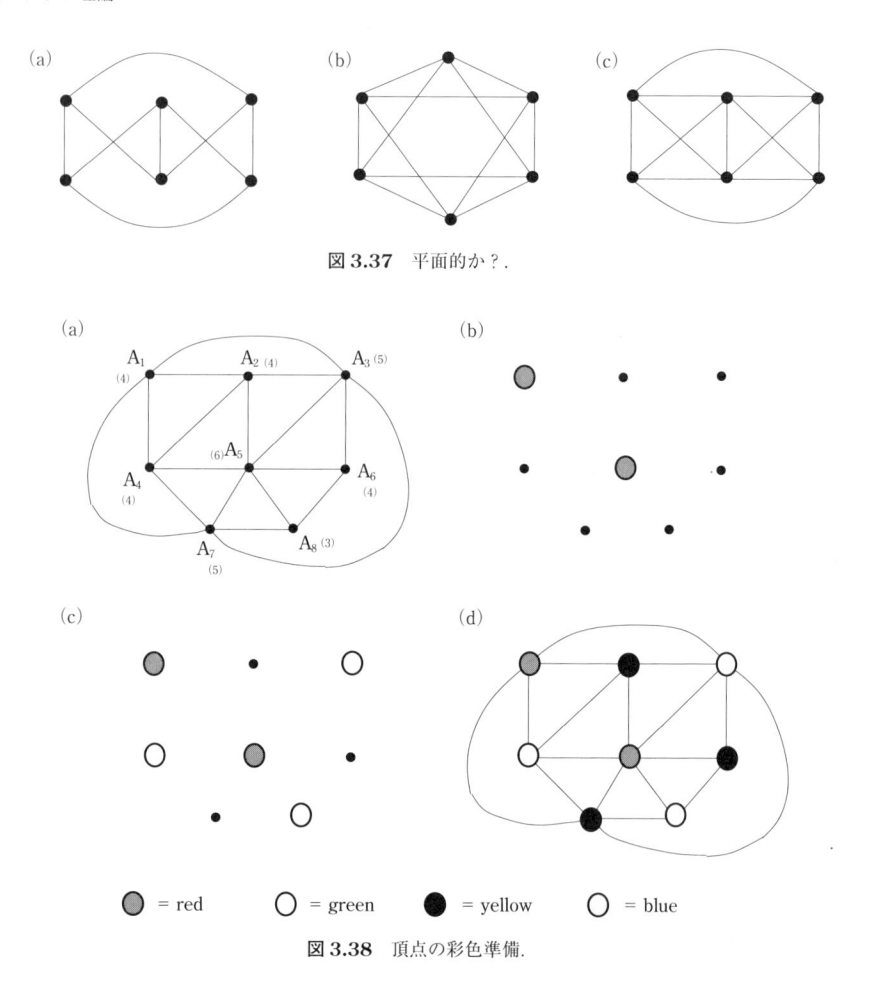

図 3.38　頂点の彩色準備.

を探す．このグラフでは A_5 が最高次数 6 をもつ．それを，たとえば赤で塗りたいが，ここでは "red" と書いた記号で表そう．これが第 1 の段階である．次の第 2 段階では，同じ色を A_5 に隣り合っていない頂点に塗る．そのような頂点は今の場合 A_1 だけである．したがって A_1 に red をあてがう．次に，A_5 に隣接している頂点の中から次数の一番高いものを探すと，次数 5 の A_3 と A_7 が浮かび上がる．ここでは，まず A_3 に第 2 の色として green を塗る．この色は，A_3 に隣り合っていない A_8 と A_4 にも塗ることができる．この段階で A_7 は A_5，A_8 に隣接しているから，第 3 の色を塗らなければならない．記号 yellow をあてる．A_2，A_6 も同

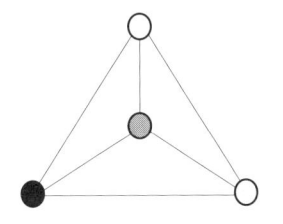

図 3.39 K_4 の頂点の彩色.

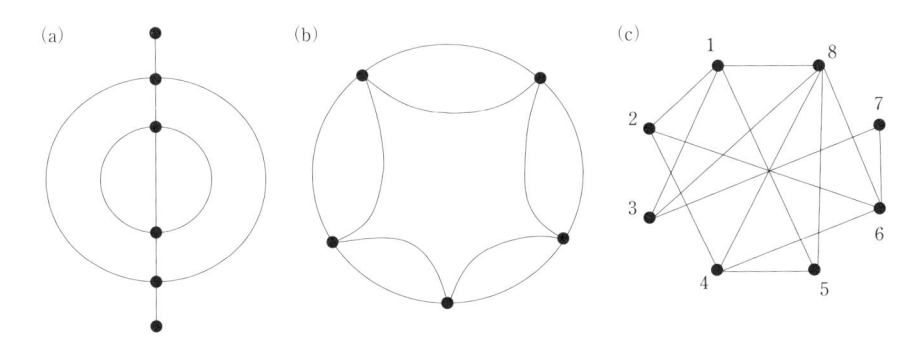

図 3.40 頂点の彩色,および領域の彩色.

様である.こうしてこのグラフの頂点は3色で塗り分けることができた.このとき,このグラフは**彩色数** $\chi=3$ をもつという.

もっと簡単なグラフでも,4色を必要とするものがある.たとえば何度も出てきた K_4 がそうである.図 3.39 を見よ.この場合,どの頂点も他の3個の頂点に隣り合っているので,どうしても4個の色が必要である.すなわち $\chi=4$ である.

問題 3.11 図 3.40 の頂点を彩色せよ.最後の図では,解答の際の便利を考えて,頂点に番号をつけてある.

3.4.3 領域の彩色

これまで頂点を彩色してきたが,次に述べる**双対グラフ**(dual graph)という考えを使うと,領域の彩色の問題に移行することができる.まず例を示そう.何度も出てきた K_4 の場合,図 3.41 のように,それぞれの領域に1つずつ点(白抜きで描く)を打つ.「外側」も1つの領域と考えて点を打つ.次に,それらの点の間を,辺を越えて新しい線(点線)で結ぶ.これらの新しい点を頂点とし,新しい線を辺とする新しいグラフができているが,これを,もともとのグラフに双

3 グラフ理論

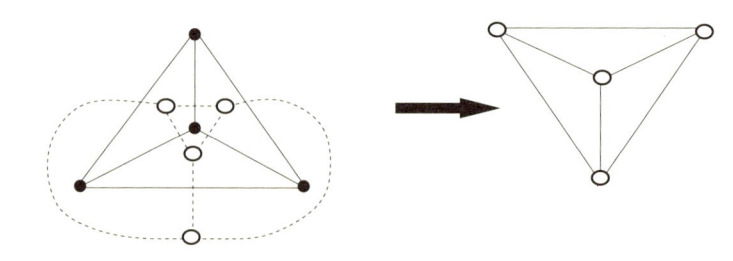

図 3.41 K_4 の双対グラフ．

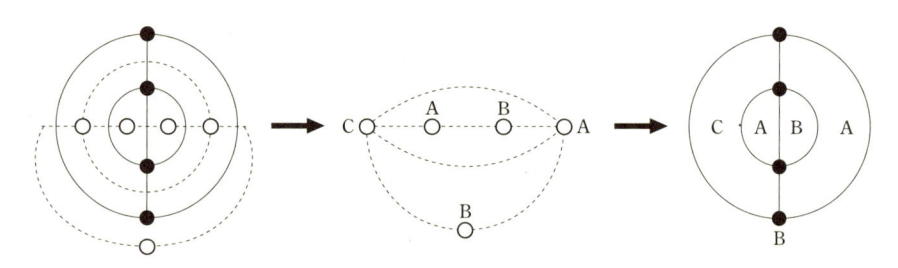

図 3.42 図 3.40 (a) の双対グラフ．

対なグラフとよぶ．もとのグラフで隣り合っている頂点は，双対なグラフでは，隣り合った領域に対応していることがわかる．

一般に，もとのグラフを G と書くとき，それに対する双対グラフを $\overline{G}$ と表すことが多い．上の例は実は非常に特別な例であり，双対なグラフはもとと同じ K_4 となっている．

$$\overline{K_4} = K_4$$

前に考えた図 3.40 (a) の，今度は領域を，双対グラフの方法で彩色してみよう．まず上下につき出たそれぞれ 1 辺は取り除いておく．これらは領域の彩色には無関係だからである．それを改めて描いたのが，図 3.42 の一番左の，実線と塗りつぶした頂点で表された部分である．その中に双対グラフを，点線と白抜きの頂点を用いて描く．それらのみを抜き出したのが，2 番目の図である．また，この頂点に A，B，C を使って色をつけた．3 色ですむことがわかる（$\chi = 3$）．これを一番左の図に戻し，双対グラフの線と白抜きの頂点を取り去って，最初のグラフ（図 3.40 の (a) から両端の突き出た線と頂点を除いたもの）の領域の彩色に戻したのが，一番右の図である．

この実例の場合，特に双対グラフを用いなくても，簡単に答は得られる．しか

110

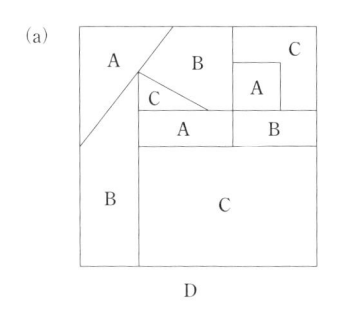

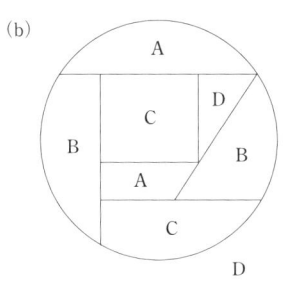

図 3.43　領域の彩色.

し，もっと一般的にこの問題を調べるには，双対グラフの方法が便利なこともある．ここでは，概念の練習問題としてやってみてほしい．

領域の彩色は，たとえばヨーロッパの国々を違った色で塗り分けるのと同じで，この言い方の方がよく知られている．日本の本州ならば県を，あるいは米国の州を塗り分けるとしてもよい．少し簡略化して描けば，図 3.43 のようになるだろう．ここで，周りの海も 1 つの領域として，色を（A，B，C，D の記号を使って）塗ってある．また，隣り合った領域といっても，図 (a) のまんなかあたりのように，2 本の境界線が交わっているような場合，互いに共通の境界「線」をもたないならば，同じ色を塗ってよいこととする．上の例では，境界「点」を（斜めに）はさむ 2 つの領域がそうである．

いずれも，4 色ですんでいる．すなわち $\chi=4$ である．しかし，もっといろいろな地図を考えると，4 色ではどうしても足らず，5 色，あるいはもっと多数の色を使わなければ，領域，あるいは国を塗り分けることができない，という場合があるだろうか．経験によれば，そういう例は見つかっていない．一見 $\chi=5$ のように見えても，色の配置を変えて，とにかく 4 色ですむようにできてしまうのである．どうやら，どんな地図でも 4 色で十分らしい．それは，数学的に証明できるのではないだろうか．この疑問が **4 色問題** とよばれるようになった．こういう地図を実際に描いて，何色ですむか試してみることは，ほとんど誰にもできる簡単な作業であり，多くの人々が挑戦した．しかし，あらゆる場合を含む一般的な証明となると，きわめて困難であることもわかり，多くの数学者を悩ました．そのため，4 色問題の名前はますます有名となったが，厳密な証明は，最近やっと決着がついたばかりである．

問題 3.12 図 3.40 の (b), (c) についても領域の彩色をせよ.

問題 3.13 次の図 3.44 のグラフは, ともに平面的であるための条件 $3V - E \geq 6$ を満たしていることを示せ. 平面表現を描け. その際, 下の図の頂点につけた番号を用いると便利だろう (できれば, どんな連続変形を行なえばよいかも示せ). また双対グラフを描き, その頂点を彩色し, もとのグラフの領域を彩色せよ. 色を表すには A, B, C, D を用いよ.

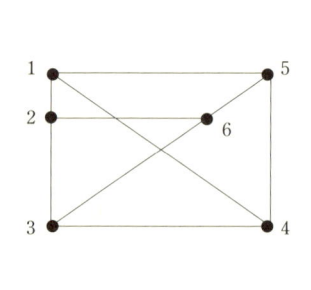

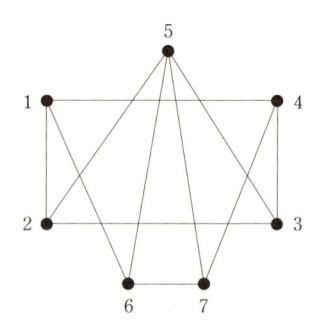

図 3.44

付録 3.1 $K_{3,3}$ が平面的ではないことの証明

図 3.36 (b) をよく見ると, 頂点 3 個では, 1 つの領域を囲むことはできないことがわかる. 図で左側に縦に並ぶ 3 つの頂点を, 上から順に A_1, A_2, A_3, 同様に右側の頂点を B_1, B_2, B_3 としよう. たとえば, A_1 から出発した場合, A_1, B_1, A_2 という経路は閉じていない. 閉じるためには, さらに B_2 まで行ってから A_1 に戻らなければならない. つまり, 領域があるとすれば, その次数は 4 またはそれ以上である. したがって, 条件 (3.9) は, もっと厳しくなり,

$$\sum_{i=1}^{R} \deg(r_i) \geq 4R \tag{3.12}$$

となる. ところで, もしこのグラフが平面的であると仮定するならば, (3.8) により, $R = 5$ でなければならない. これを (3.12) に代入すると,

$$\sum_{i=1}^{R} \deg(r_i) \geq 20$$

4 色問題年代記

4色問題追求の歴史を手短にたどってみよう．この問題を，数学として最初に取り上げたのは，英国人のガスリー（F. Guthrie）という数学者で，1852年のこととされている．当時，実際に地図の製作に携わっていた人たちの間では，4色で十分だということはおそらく経験的に知られていただろうし，またそれを深刻な問題と考えることもなかったようである．3色で十分の場合もあったし，また目的に応じてもっと多くの色を使うこともあっただろう．しかし，数学者にかかると，5色あるいはそれ以上の色を必要とする地図の例は，どんなに複雑であっても存在しないことを，一般的に証明しようということになる．ガスリーと前後して，何人かの数学者がこの証明にとりかかった．それは簡単なように見えたが，以外に手強いこともわかってきた．この挑戦の歴史の中でひときわ注目を引いたのが，やはり英国人のケンプ（A.B. Kempe）であった．1879年，彼は問題を解いたとする論文を発表した．彼の「証明」にはまちがいがあったことが11年後に明らかとなったが，彼が推進した方法は，その後多くの数学者によって基本的に踏襲されることとなった．

問題は，反例（5色以上を必要とする地図の実例）を探すことで，これは実に多くのパターンを綿密に，またしらみつぶしに調べていくという，忍耐を要する作業であった．この一連の作業を最終的に実行し，反例が存在しないことを「証明」したのは，ドイツから米国に来ていたハーケン（W. Haken）と，若い米国人のアッペル（K. Appel）とであった．1960年代の半ばになると，この忍耐力のいる仕事はコンピューターに任せようとする機運が起こってきた．プログラミングにも改良を重ね，また数多くの失敗の経験も積みながら，1976年2人は遂に論文を書き上げた．10万個以上にのぼるパターンをチェックするために，イリノイ大学の大型コンピューターを1,200時間にわたって動かし続けた結果であった．

この作業の説明だけで数百ページを費やしたともいわれている．伝統的な数学者の中には，紙と鉛筆だけで行うのが「証明」というものであり，コンピューターという「禁じ手」を使った作業を信用しない人も少なくはない．しかし，手作業ではとても追いつかない部分のみ，長時間の単純作業に耐えるコンピューターに行わせるという方法は，今後の数学の新しい手法として認められるようになっていくのではなかろうか．

この部分を書くにあたっては，R. ウィルソンの著作（Robin Wilson, *Four Colours Suffice ; How the Map Problem Was Solved*, 茂木健一郎訳，4色問題，新潮社（2004））を参考にした．この本には数学的な式や図も含まれているが，本書で培った力があれば，ほぼ理解可能であろう．

3 グラフ理論

> 上の記述をみると，コンピューターがやったのは，つまるところ場合の分類に関する解析で，しかもここで直接触れられるほどには単純ではない．こういう場合に，コンピューターが離散的な数の解析で，めざましい活躍をしたという事実は大きいだろう．これまで計算機としてのコンピューターの膨大な能力を世に示したのは，初期の原子爆弾の設計から，最近の地球規模での気象解析に至るまで，主として連続変数の微分方程式を解くことだったことを振り返ると，やはり特筆すべき事例であったといえよう．
>
> 場合の分類に関する解析の最近の実例として，米国大リーグの年間の試合のスケジュールが，今季から完全にコンピューター化されたというニュースがあった（朝日新聞'05年4月12日「窓」）．5時間の時差を考慮し，連戦が20試合を超えないとか，テレビ放送の容易さまで取り入れて，30球団，26週間，2430試合を組むのが容易でないことは想像できる．これまでは，スティーブンソンという夫妻の，長年にわたる超人的な経験と勘に頼ってきたが，遂にカーネギーメロン大学のグループのプログラムが勝ったとのことである．チェスにおけるコンピューターの勝利とも似ているだろうが，もっと複雑なのかもしれない．

ところがこの左辺は，(3.7) によって $2E$ に等しい．これから

$$E \geq 10$$

となる．これは現実の $E = 9$ と一致しない．これは，グラフが平面的であるという仮定が誤っていることを示す．したがって，$K_{3,3}$ は非平面的である．

章末問題

章末問題 3.1 K_5 はオイラー回路を含むことを示せ．これについて，図 3.4 の左の図のような，橋の図を書いてみよ．一方，図 3.27 の (c) にもオイラー回路がある．これについても，上と同様な図を描いてみよ．これらのことから何がわかるか．

章末問題 3.2 K_5 の各頂点に番号をつけよ．また K_5 のオイラー回路に従って円を描き，先につけた番号を順番に書き込め．これは，5ヵ国の代表者を集めた円卓会議の席順表とみなすことができる．各国からは，それぞれ2人の代表が参加し，出席者は必ず他の国の参加者と隣り合うことになる．この方法の特徴は，参加の仕方においてどの国も全く同等なことである．参加国数が奇数ならば，全

く同じことができる．K_7について確かめてみよ．一般に $(2n+1)$ か国が参加する場合，参加者をそれぞれ n とすれば，K_{2n+1} を使って同様な方法で着席表を作ることができる．上の2つの例は，それぞれ $n=2$，$n=3$ の場合であった．

ところで，参加国数が偶数ならばどうなるだろうか．たとえば4ヵ国の場合，国の間の同等性を保証するには K_4 を使えばよいことが推論される．しかし，K_4 にはオイラー回路がない．しかし，円卓に並べる順序は，「一筆描き」で与えられる．このことから，オイラー回路と一筆描きとは，必ずしも同等ではないことがわかる．具体的に何が違うのかを示せ．いずれにせよ参加国数を $2n$ とする場合，参加者の数を何人ずつにすればよいか．

章末問題 3.3 3人で行う勝ち抜き競技についての図3.5を少し変更して，不戦勝を1回含んだ場合を考えよ．それには図3.1が参考になるだろう．問題3.5と同様に一般的な解析を行い，参加者数と試合数との間の関係を求めよ．結果の意味について簡単な解釈を試みよ．

章末問題 3.4 基板の上でのプリント配線の問題を考える．すでに述べたように，K_5 は平面的ではない．しかし，平面性を壊すのは最後の1本の辺だけである．このことを示せ．そこで，この辺の両端の2頂点から基板に垂直に短い金属の（したがってこれも導線である）棒を立て，その上にもう1枚の基板を，はじめの基板に平行に設ける．これで，全体として2層の構造となる．この基板の上で，2つの頂点を辺（導線）で結べば全体としての K_5 の回路ができる．K_5 の場合，2番目の基板にはただ1本の線があるだけですでに平面的であるが，もっと複雑な場合にはさらにもう1枚の基板を作らなければならない場合もあるだろう．こうして，一般的には多層構造のプリント配線を考えることになる．こういう方法で，K_6，K_7 のプリント配線をこしらえてみよ．2層ですむかどうかも，はじめから自明ではないと考えて出発せよ．

問 題 解 答

問題 1.1　1.2 節のエラトステネスの方法をそのまま続ければよい．$N=150$ で $\sqrt{N}=12.24\cdots$ だから，12 まで実行すればよい．実際には偶数はすでに除かれているので，11 まででよいことになる．また 3 で割れる数の見つけ方として，たとえば 24 ならば $2+4=6$ で，これは 3 で割れる．したがって 24 は 3 で割り切れる，というような具合である．結果は次のようになる．

$$2,3,5,7,11,13,17,19,23,29,31,37,41,43,47,53,59,61,67,71,73,$$
$$79,83,89,97,101,103,107,109,113,127,131,137,139,149$$

問題 1.2　本文の説明 $p=5$, $q=7$ の次を狙うと，$p=7$, $q=11$ となる．このとき $p^2=49$, $q^2=121$ で，これならば問題 1 の結果が使える．実際，49 と 121 の間にある素数としては，

$$53,59,61,67,71,73,79,83,89,97,101,103,107,109,113$$

の 15 個がある．一方，(1.8) によると，

$$N(7,11)=(121-49)\times\frac{1}{2}\times\frac{2}{3}\times\frac{4}{5}\times\frac{6}{7}\times\frac{10}{11}=14.96\approx 15$$

となり，実際の個数 15 とよく一致している．

問題 1.3　たとえば 21 ならば，まず 2 では割れず，次の素数 3 で割ると 7，次の素数 5 では割れない．次の素数 7 ではすでに割れていて，結果は 3 になる．こうして $21=3\times 7$ であることがわかる．これを 21{3,7} と書くことにする．24 ならば 2 で割ってみるが，実は 2 で 3 度割れることがわかる．そのときの商は 3 で，これは素数である．こうして 24{2^3,3} が得られる．以下同様にして，次の結果が得られる．

21{3,7},22{2,11},24{2^3,3},25{5^2},26{2,13},27{3^3},28{2^2,7},30{2,3,5},32{2^5},33{3,11},
34{2,17},35{5,7},36{2^2,3^2},38{2,19},39{3,13},40{2^3,5},42{2,3,7},44{2^2,11},45{3^2,5},
46{2,23},48{2^4,3},49{7^2},50{2,5^2},51{3,17}

問題 1.4

$$140=2^2\times 5\times 7,\quad 165=3\times 5\times 11$$
$$\Rightarrow \mathrm{GCD}=5,\quad \mathrm{LCM}=2^2\times 3\times 5\times 7\times 11=4620$$
$$350=2\times 5^2\times 7,\quad 231=3\times 7\times 11$$

問題解答

$$\Rightarrow \text{GCD} = 7, \quad \text{LCM} = 2 \times 3 \times 5^2 \times 7 \times 11 = 11550$$
$$20493 = 3^4 \times 11 \times 23, \quad 3381 = 3 \times 7^2 \times 23$$
$$\Rightarrow \text{GCD} = 3 \times 23 = 69, \quad \text{LCM} = 3^4 \times 7^2 \times 11 \times 23 = 1004157$$

問題 1.5
$$21 \backslash 4 = 1, \quad 43 \backslash 5 = 3, \quad 7 \backslash 9 = 7, \quad 213 \backslash 28 = 17$$

問題 1.6
$$12800 \backslash 17 = (8^3 \times 25) \backslash 17 = (64 \times 8 \times 25) \backslash 17 = ((64 \backslash 17) \times 8 \times 25) \backslash 17$$
$$= (13 \times 8 \times 25) \backslash 17 = (13 \times 8 \times (25 \backslash 17)) \backslash 17$$
$$= (13 \times 64) \backslash 17$$
$$= ((64 \backslash 17) \times 13) \backslash 17 = (13^2) \backslash 17 = 169 \backslash 17 = 16$$
$$390625 \backslash 17 = (25^4) \backslash 17 = ((25 \backslash 17)^4) \backslash 17 = 8^4 \backslash 17$$
$$= 64^2 \backslash 17 = (64 \backslash 17)^2 \backslash 17 = 13^2 \backslash 17 = 16$$

問題 1.7 $n = 3$ ならば $Z_n = \{1,2\}$. したがって $(n-1)^{n-1} Z_n = \{2,4\}$. この各項を 3 で割って余りを求めると $\{2,1\}$ となり, Z_n に等しい. $n = 8$ ならば $Z_n = \{1,2,3,4,5,6,7\}$. したがって $(n-1)^{n-1} Z_n = \{7,14,21,28,35,42,49\}$. この各項を 8 で割って余りを求めると $\{7,6,5,4,3,2,1\}$, すなわち Z_n と一致する.

問題 1.8

(1) $825 \backslash 315 = 195, \quad 315 \backslash 195 = 120, \quad 195 \backslash 120 = 75$
   $120 \backslash 75 = 45, \quad 75 \backslash 45 = 30, \quad 45 \backslash 30 = 15, \quad 30 \backslash 15 = 0 \Rightarrow \text{GCD} = 15$
   これから $315 = 3 \times 5 \times 21 = 3^2 \times 5 \times 7, \quad 825 = 3 \times 5 \times 55 = 3 \times 5^2 \times 11$
   そこで $\text{LCM} = \dfrac{315 \times 825}{15} = \dfrac{3^3 \times 5^3 \times 7 \times 11}{3 \times 5} = 3^2 \times 5^2 \times 7 \times 11 = 17325$

(2) $338 \backslash 297 = 41, \quad 297 \backslash 41 = 10, \quad 41 \backslash 10 = 1, \quad 10 \backslash 1 = 0 \Rightarrow \text{GCD} = 1$
   互いに素なので $\text{LCM} = 297 \times 338 = 100386$

(3) $2040 \backslash 414 = 384, \quad 414 \backslash 384 = 30, \quad 384 \backslash 30 = 24, \quad 30 \backslash 24 = 6, \quad 24 \backslash 6 = 0 \Rightarrow \text{GCD} = 6$
   これから $414 = 6 \times 69 = 2 \times 3^2 \times 23, \quad 2040 = 6 \times 340 = 2^3 \times 3 \times 5 \times 17$
   そこで $\text{LCM} = \dfrac{2^4 \times 3^3 \times 5 \times 17 \times 23}{2 \times 3} = 2^3 \times 3^2 \times 5 \times 17 \times 23 = 140760$

問題 1.9 「エラトステネスのふるい」にならって $\text{GCD}(a,b)$ を計算するユークリッドの互除法の流れ図で表現してみよう.

問題解答（1章）

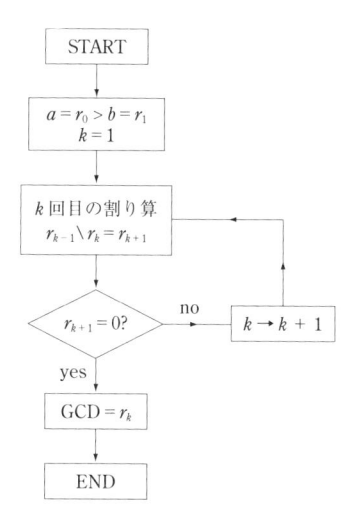

```
           START
             │
             ▼
     a = r_0 > b = r_1
         k = 1
             │
             ▼   ┌─────────────┐
     k 回目の割り算  │
     r_{k-1} \ r_k = r_{k+1} │
             │             │
             ▼             │
        r_{k+1} = 0?  ──no──▶ k → k+1
             │
            yes
             ▼
         GCD = r_k
             │
             ▼
           END
```

問題 1.10
$$26 = 2 \times 13 \Rightarrow 3,\ 5,\ 11$$
$$336 = 2^4 \times 3 \times 7 \Rightarrow 5,\ 5 \times 11 = 55,\ 13$$
$$550 = 2 \times 5^2 \times 11 \Rightarrow 3,\ 7,\ 3 \times 13 = 39$$

問題 1.11 $M = 5$ としてみる．

$C' = 5^3 \backslash 33 = 125 \backslash 33 = 26$.

$M' = 26^7 \backslash 33 = (2 \times 13)^7 \backslash 33$
　$= ((4 \times 13)^3 \times 2 \times 13^4) \backslash 33 = (((52/33)^3 \backslash 33) \times 2 \times 169^2) \backslash 33$
　$= ((19^3 \backslash 33) \times 2 \times (169 \backslash 33)^2) \backslash 33 = (((361 \times 19) \backslash 33) \times 2 \times 4^2) \backslash 33$
　$= ((361 \backslash 33 \times 19) \times 32) \backslash 33 = (31 \times 19 \times 32) \backslash 33 = (589 \times 32) \backslash 33$
　$= ((589 \backslash 33) \times 32) \backslash 33 = (28 \times 32) \backslash 33 = (56 \times 16) \backslash 33 = (23 \times 16) \backslash 33$
　$= (46 \times 8) \backslash 33 = (13 \times 8) \backslash 33 = 104 \backslash 33 = 5 = M$

問題 1.12　100000b $= 2^5 = 32$d で 100001b はその直後の数だから 33d．また 100010b はさらにその直後の数だから 34d である．一方，11111b は 100000b の直前の数で 31d，さらに 11110b はもう 1 つ前の 30d である．

問題 1.13　n 桁の 10 進数を $d_{n-1}d_{n-2}\cdots d_1 d_0$ と書く．(1.56) で 2 と書いてあるところを 10 で置き換えればよい．
$$x = d_{n-1} \times 10^{n-1} + d_{n-2} \times 10^{n-2} + \cdots + d_1 \times 10 + d_0$$

問題 1.14　(1.56) に当てはめて，

119

問題解答

$$1010110b \to 2^6 + 2^4 + 2^2 + 2 = 64 + 16 + 4 + 2d = 86d,$$
$$1111111b = (10000000 - 1)b \to 2^7 - 1 = 128 - 1 = 127d,$$
$$1000000101b \to = 2^9 + 2^2 + 1 = 512 + 4 + 1 = 517d$$

問題 1.15

$$1d = 001b \to 110 + 1 = 111b = 7d$$
$$2d = 010b \to 101 + 1 = 110b = 6d$$
$$\cdots \quad \cdots \quad \cdots$$
$$6d = 110b \to 001 + 1 = 010b = 2d$$
$$7d = 111b \to 000 + 1 = 001b = 1d$$

問題 1.16 $\bar{x}$ の補数を $\bar{\bar{x}}$ と書き，(1.58) にならって，

$$\bar{\bar{x}} = 2^3 - \bar{x}$$

と書く．この右辺に (1.60)，(1.61) を代入すると，

$$\bar{\bar{x}} = 1 + 1 \times 2^2 + 1 \times 2 + 1 \times 2^0$$
$$- 1 - (1 - b_2) \times 2^2 - (1 - b_1) \times 2 - (1 - b_0) \times 2^0$$
$$= (1 - 1 + b_2) \times 2^2 + (1 - 1 + b_1) \times 2 + (1 - 1 + b_0) \times 2^0$$
$$= b_2 \times 2^2 + b_1 \times 2^1 + b_0 \times 2^0 = x$$

となり，

$$\bar{\bar{x}} = x$$

となることが証明された．

問題 1.17 $z = x - y$ とし，必要な場合は d または b をつけ，10 進数と 2 進数を区別する．特に 10 進数を使うのは $x - \bar{y}$ を $x d + (-\bar{y}) d$ として計算する場合で，これはここだけの便宜的な手段である．$\varepsilon_1 = 1$ は最初の式での y の前の符号で，以下の表では常にマイナス，したがって 1．一方 ε_2 は最後の答えの符号で，これは終わりから n 桁の 1 つ前の 2 進数が 0 か 1 かで，プラス，マイナスとする．

n	x	y	y_b	$\bar{y}$	ε_1	$-\bar{y}$	$(-\bar{y})_d$	$x + (-\bar{y})_d$	$(x - \bar{y})_b$	ε_2	$|\bar{z}|$	$|z|_b$	$|z|_d$	z_d
3	4	6	110	010	1	1010	10	14	1110	−	110	010	2	−2
4	4	6	0110	1010	1	11010	26	30	11110	−	1110	0010	2	−2
3	7	3	011	101	1	1101	13	20	10100	+	100	100	4	+4
3	2	3	011	101	1	1101	13	15	1111	−	111	001	1	−1

問題 1.18 各式の最右辺の上につけた小さい数字は桁数を表すもので，必ずしも書く必要はない．

$$K = 6 : 65 = 2^6 + 1 \Rightarrow \overset{6\,5\,4\,3\,2\,1\,0}{1000001}$$

$K = 6 : 100 \backslash 2^6 = 36, \quad 36 \backslash 2^5 = 4, \quad 4 \backslash 2^4 = 4 \backslash 2^3 = 4 \backslash 2^2 = 0$
$\Rightarrow b_6 = b_5 = b_2 = 1 \Rightarrow \overset{6\,5\,4\,3\,2\,1\,0}{1100100}$

$K = 7 : 220 \backslash 2^7 = 92, \quad 92 \backslash 2^6 = 28 \backslash 2^5 = 28, \quad 28 \backslash 2^4 = 12, \quad 12 \backslash 2^3 = 4, \quad 4 \backslash 2^2 = 0$
$\Rightarrow \overset{7\,6\,5\,4\,3\,2\,1\,0}{11011100}$

$K = 8 : 257 = 2^8 + 1 \Rightarrow \overset{8\,7\,6\,5\,4\,3\,2\,1\,0}{100000001}$

$K = 10 : 1024 = 2^{10} = \Rightarrow \overset{10\,9\,8\,7\,6\,5\,4\,3\,2\,1\,0}{10000000000}$

$K = 10 : 1030 = 1024 + 6 = 2^{10} + 2^2 + 2^1 \Rightarrow \overset{10\,9\,8\,7\,6\,5\,4\,3\,2\,1\,0}{10000000110}$

問題 1.19

1h = 1d, 10h = 16d, 11h = 17d

20h = 16 × 2 = 32d, 21h = 32 + 1 = 33d

A0h = 160d, A1h = 161d, A6h = 166d, AAh = 170d

B0h = 176d, BCh = 188d, F9h = 15 × 16 + 9 = 249d, FAh = 15 × 16 + 10 = 250d

問題 1.20

$$27d = 16 + 11 = 1Bh = 11011d$$
$$165d = 10 \times 16 + 5 = A5h = 10100101d$$
$$246d = 15 \times 16 + 6 = F6h = 11110110d$$

問題 1.21

$$M \to 4D, \quad P \to 50, \quad b \to 62, \quad f \to 66$$
$$78 \to x, \quad 40 \to @, \quad 5B \to [, \quad 7A \to z$$

章末問題 1.1 2進法は数の表現法として最も単純で，ただ2個の数字，すなわち0と1だけで足りる．したがって，計算（本質的に整数の足し算と引き算）の規則も単純であり，実際にはイエスかノーだけを使って演算の規則を作ることができる．さらにこれは電気回路のスイッチの機能として実現でき，半導体の技術の進歩に伴って，高速小型化が可能となった．ただし，代償として数字の桁数が多くなるが，同じことを多数回繰り返すことは，器械としてのコンピューターには苦にならない．それでも，場合によっては桁数の表現方法に工夫が必要である．コンピューターの記憶番地のために，特に8桁の2進数を使うことが多く，8桁を1バイトと称する．元来，0か1かは1つの単位として1ビットとよんでいるが，1バイトは$2^8 = 256$ビットであり，これは2桁の16進数としても表される．アルファベットと数字，およびコンピューターの制御に多用される記号は，1バイト文字としてまとめられている．漢字は1バイトには収まらず，4桁の16進数で表される2バイト文字である．

問題解答

章末問題 1.2　コンピューターをネットワークとして相互につないで，文字やその他の情報をやりとりすることが，現在の社会のあり方を変えつつある．特にインターネットの方式が，あらゆるコンピューターを対等につなぐ方法として普及しつつある．これは，手紙や電話など専用回線を使うものではなく一種の公道を利用するので，ある種の「機密」を守るために特別の配慮が必要である．そのために，メッセージを暗号化してやりとりしなければならない．昔からある暗号化は，その「鍵」を両端の利用者が共通にもっていた．これを共有鍵とよぶ．しかし，不特定多数の利用者を含むインターネットにおいては，この条件は必ずしも便利ではない．この点を解決したのが「公開鍵」方式である．具体的には素数の積を使った鍵が公開されていて，発信者はこの数字を使って暗号化したメッセージを送る．しかし，受信者がこれを平文に戻すための鍵は，2つの素数を知っていなければできないようになっている．積は公開されていても，それから素因数分解によって，もとの素数を見いだすことは，高速のコンピューターを使ってもたいへんな時間を必要とし，事実上不可能である．こういう事実上の「1方向関数」を使うことによって，暗号化は誰にでもできるが，その解読は限られた利用者にしかできないという BRS 方式が，現在のインターネットの機密保持に必要不可欠の技術となっている．

章末問題 1.3　1.6.2 節の表にならって，10 進数を 3 進数，および 7 進数で表した表を以下に示す．

10 進数	3 進数	7 進数	10 進数	3 進数	7 進数
0	0	0	12	110	15
1	1	1	13	111	16
2	2	2	14	112	20
3	10	3	15	120	21
4	11	4	16	121	22
5	12	5	17	122	23
6	20	6	18	200	24
7	21	10	19	201	25
8	22	11	20	202	26
9	100	12	21	210	30
10	101	13	22	211	31
11	102	14	23	212	32

3 進法で表した i 桁目の数字を t_i，7 進法で表したそれを s_i で表すと，一般の数 x は (1.56) から推察されるように，

問題解答（1章）

$$x = t_0 + 3 \times t_1 + 3^2 \times t_2 + \cdots = s_0 + 7 \times s_1 + 7^2 \times s_2 + \cdots$$

のように書くことができる．いくつかの例をあげてみよう．

10進数	3進数	7進数
25	221	34
26	222	35
27	1000	36
28	1001	40
...	...	...
47	1202	65
48	1210	66
49	1211	100
50	1212	101

章末問題 1.4　これは，単に最小公倍数を求めるだけの問題ではない．まず，それぞれの種類（何年地下にいるかで区別する）を2つ選び出す．それらの最小公倍数およびその整数倍を書き出すという作業をすべての2つ組に対して行い，それらの間に共通する価を探し出すということになる．このような場合，いっそ種類ごとにその年数の整数倍（これをその種類の「出現年」とよぼう）を書き出した全体の表を書き，種類が違っても出現年が同じ価をとるものにマークをつけていくのがよいだろう．たとえば，次の出現年の表で，6年種の18と9年種の18とは一致するので，双方の種類の18にマークをつける．さらに6年種の24と一致するのは，8年種と12年種にある．この場合も同じくマークをつけるが，特に「重複出現」とよんでよいだろう．表で「一致回数」と書いたのは，いずれにせよつけたマークの数を種類ごとに累計したものである．その中で特に重複出現となった回数を，「重複回数」として別の欄に書いてある．

種類	出現年	一致回数	重複回数
5	5 10 15 20 25 30 35 40 45 50 55 60 65 70 75 80 85 90 95 100	14	6
6	6 12 18 24 30 36 42 48 54 60 66 72 78 84 90 96	15	9
7	7 14 21 28 35 42 49 56 63 70 77 84 91 98	8	2
8	8 16 24 32 40 48 56 64 72 80 88 96	8	6
9	9 18 27 36 45 54 63 72 81 90 99	8	3
10	10 20 30 40 50 60 70 80 90 100	10	6
11	11 22 33 44 55 66 77 88 99	5	0
12	12 24 36 48 60 72 84 96	8	7
13	13 26 39 52 65 78 91	3	0

こうして作った表を見ると，5年種や6年種は一致回数が非常に多く，一方11

年種や 13 年種は一致回数が極端に少ない．特にどちらの場合も重複回数がゼロである．こうして，やはり種類の年数が素数のものが，地上で他の種類とぶつかりあう回数が少なく，それだけ生き延びる確率も高くなることが推察される．同じ素数でも，7 年種は典型的な非素数の 8 年種や 9 年種とほとんど同じ出現回数を与えている．これは，考えている 100 年間という長さが十分長くはないこと，また 5 年から 13 年という種類に対する制限からもきていると考えられ，単純に素数年の種類が有利と断定はできないことを示唆している．そうした意味では，今のように根気がいるが，全部を書き出すという作業が欠かせない場合もあることも示唆される．

もう 1 つ，この表では，たとえば 5 年種の蝉でも毎回 5 年ごとに同じように出現すると仮定されている．これは実際には正しくないだろう．なぜならば，こういう種類は生存競争の激しさからしだいに減少して行くはずで，そのことがここでは反映されていない．この効果を取り入れるには，さらに詳細な仮定が必要となるだろう．

章末問題 1.5 この問題は第 1 章の主要な流れとは無関係だが，p.4 のコラムでも強調したように，簡単なことから数学の力を感ずることができる例なので，できればチャレンジしてほしいと考え，章末問題の最後に加えた．以下一例をあげるので，参考にしてほしい．少し複雑なことがあるかもしれないが，三角関数など高度なことは使わずにできる．可能なところまででよいので，トライしてみることを勧めたい．

以前，日本福祉大学に勤務していたころ知多半島西海岸の常滑に出かけ，伊勢湾を隔てた向こうに四日市あたりを眺めたことがある．そこには石油コンビナートがあり，煙突など高い建造物がいくつもあったが，下のほうは水面に隠れて見えていない．これは海の水平面が曲がっているためである．その程度は地球の半径 R から決まる．四日市までの距離 s も地図を調べればわかる．これから，建物の下部のどれだけの高さ h が隠れるかもわかる．図を見てほしい．

O は地球の中心，A は知多半島西海岸の常滑，B は四日市を表す．さらに s は海面に沿って測った AB 間の距離である．ここまでは本文のコラム 1 の図と似ている．当然 OA = OB = R である．ただ，今度は北極や赤道は関係がないので，A 地点を真上に描いた．BD は B 地点に立っている塔を表す．また AE は A 地点で水

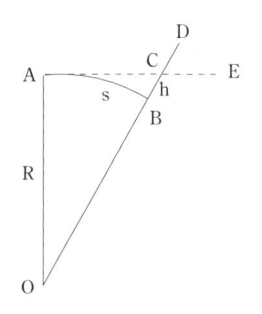

平な線を延長したもので，これがBDと交わる点Cより下は見えない．したがって，塔の見えない部分の高さhはBC間の距離である．ここで重要なのは，A地点での水平面は地球に向かっての鉛直線OAに垂直だということである．したがってOACは直角三角形である．

図から，
$$h = BC = OC - R \tag{1}$$
である．さらに直角三角形の性質（ピタゴラスの定理）から，
$$OC^2 = OA^2 + AC^2 \approx R^2 + s^2$$
であることがわかる．ここで，$AC \approx s$であるとした．この近似はコラム1でBA′$\approx s$としたのと同じである．これについて，後でもう少しだけ触れる．少し変形して，
$$OC^2 \approx R^2\left(1 + \left(\frac{s}{R}\right)^2\right) \tag{2}$$
とする．また
$$\frac{s}{R} \ll 1, \quad \text{したがって} \quad \left(\frac{s}{R}\right)^2 \ll 1$$
であることはよいだろう．実際，$R \approx 6{,}400$ km，$s \approx 20$ kmだから$s/R \sim 0.003$でくらいで，たしかに1より非常に小さい．このような場合，次の「近似式」が正しい．
$$\sqrt{1+x} \approx 1 + \frac{1}{2}x \tag{3}$$
これを証明するには，両辺を2乗してみればよい．左辺の2乗はもちろん$1+x$にほかならない．右辺の2乗は，
$$\left(1 + \frac{1}{2}x\right)^2 = 1 + x + \frac{1}{4}x^2$$
この最後の項は，$x \ll 1$なのでx^2はもっと小さく（たとえば$x = 0.01$ならば$x^2 = 0.0001$），右辺第2項のxに対して無視できる．そうすると$1+x$で，これは（3）の左辺の2乗と一致する．これで上の近似式（3）は証明された．

（2）で$(s/R)^2 = x$とおき，両辺の平方根をとると，
$$OC = R\sqrt{1+x}$$
ここで（3）を使って，

問題解答

$$OC \approx R\left(1+\frac{1}{2}x\right) = R + \frac{s^2}{2R}$$

これを (1) に代入すると,

$$h \approx \frac{s^2}{2R}$$

を得る.

ここで $R = 6{,}400$ km を既知の値として使い,また地図を見て $s \approx 20$ km としてみよう(上の図では $s/R \sim 1/3$ くらいに描かれていて,角度が大きく誇張されている).そうすると,

$$h \approx \frac{400}{2 \times 6{,}400} \approx 0.031 \text{ km} = 31 \text{ m}$$

となる.つまり,塔の下の方 31 メートルくらいが隠れるということで,また,これ以下の建物は全く見えないということになる.これくらいの高さならば,常滑からでも望遠鏡を使って確認可能であろう.

ここでは R を知って h を求めたが,逆に計算して R を求めてもよい.いずれにしても,地球の丸みの影響を定量的に確かめることが可能である.昔から,船が遠く離れていくと吃水線のあたりからだんだん見えなくなっていくことが知られていたが,同じことである.

なお,円弧に沿ってはかった距離 s が直線距離 AC に近似的に等しいことを使ったが,これも「ずれ」は $(s/R)^2 \ll 1$ の大きさであることを示すことができる.これを理解するには,三角関数の正確な利用が欠かせないが,直感的にはよい近似であることは明白であろう.コラム 1 でも同じことを使ったのである.これを認めれば,あとはピタゴラスの定理と近似式 (3) だけで結果が導けたのであった.このように,できるだけ簡単な数学を使ってものごとの本質に迫ろうとするのは,厳密な数学を追求するのと同じくらいたいせつな方向である.「はじめに」でも触れた「先を見通す能力」には,このような手段も含まれることを認識してほしい.

問題 2.1　　1 年間増加数は,
$$2.9366 \times 10^8 \times 1.07 \times 10^{-2} = 3.14 \times 10^6 = 0.031 \times 10^8$$
つまり 310 万くらい.これは 2.9366×10^8 の小数点 2 桁目を 3 くらい変えてしまう.したがってこの年の人口としては 2.94×10^8,あるいはもっと省略して 2.9×10^8,つまり 2 億 9 千万という表現がよいだろう.

問題解答（2章）

問題 2.2
$$1\text{ 年} = 3.6 \times 10^3 \times 2.4 \times 10 \times 3.65 \times 10^2 = 3.15 \times 10^7 \text{ 秒}$$
これに $140 \times 10^8 = 1.4 \times 10^{10}$ を掛けて，
$$3.15 \times 10^7 \times 1.4 \times 10^{10} = 4.41 \times 10^{17} = 44.1 \times 10^{16} \text{ 秒}$$
1 京 $= 10^4$ 兆 $= 10^{16}$ だから，上の数は 44 京秒といえる．

問題 2.3 30 万 km/s $= 3 \times 10^5$ km/s $= 3 \times 10^8$ m/s．これに前に求めた 3.15×10^7 s を掛けて，
$$1\text{ 光年} = 3 \times 10^8 \times 3.15 \times 10^7 = 9.45 \times 10^{15} = 0.95 \times 10^{16} \text{ m}$$
したがって，
$$15\text{ 万光年} = 1.5 \times 10^5 \times 0.95 \times 10^{16} = 1.43 \times 10^{21} \text{ m}$$
となる．これを半径とする球の体積は，
$$V = \frac{4\pi}{3}(1.43 \times 10^{21})^3$$
$$\approx 4 \times 2.92 \times 10^{63} = 1.2 \times 10^{64} \text{ m}^3$$
ところで $1 \text{ m}^3 = 10^3 l$ だから，
$$V \approx 1.2 \times 10^{67} l$$
となる．

問題 2.4
$$\lambda = 500 \text{ nm} = 5 \times 10^2 \times 10^{-9} \text{ m} = 5 \times 10^{-7} \text{ m}$$
$$\nu = \frac{3 \times 10^8 \text{ m/s}}{5 \times 10^{-7} \text{ m}} = \frac{3}{5} \times 10^{15} \text{ s}^{-1} = 6 \times 10^{14} \text{ Hz} = 600 \text{ THz}$$

問題 2.5 $\nu = 80 \text{ MHz} = 8 \times 10^7 \text{ Hz}$ だから，
$$\lambda = \frac{c}{\nu} = \frac{3 \times 10^8}{8 \times 10^7} = 0.375 \times 10 = 3.75 \text{ m}$$
AM の例の場合，$\nu = 900 \text{ kHz} = 0.9 \text{ MHz} = 0.9 \times 10^6 \text{ Hz}$ なので，
$$\lambda = \frac{3 \times 10^8}{0.9 \times 10^6} = 3.33 \times 10^2 = 333 \text{ m}$$

問題 2.6
$$0.1 \text{ ng} = 0.1 \times 10^{-9} \text{ g} = 1.0 \times 10^{-1} \text{ g}$$
だから，この排ガスの体積 V は，
$$V = 1 \text{ m}^3 \times \frac{0.5}{1.0 \times 10^{-10}} = 0.5 \times 10^{10} = 5.0 \times 10^9 \text{ m}^3$$
半径 $r = 100 \text{ m}^3$ の円の面積 S は，

$$S = \pi(100\text{ m})^2 = \pi \times 10^4 \text{m}^2$$

したがって，円筒形の高さ h は，

$$h = \frac{V}{S} = \frac{5 \times 10^9}{3.14 \times 10^4} = \frac{5}{3.14} \times 10^{9-4} = 1.59 \times 10^5 \text{ m} = 1.59 \times 10^2 \text{ km} = 159 \text{ km}$$

となる．

問題 2.7 n 桁の整数は 10^n 個ある．この平方根は $N = (10^n)^{1/2} = 10^{n/2}$ である．一方 100 MIPS は，

$$100 \times 10^6 \text{s}^{-1} = 10^8 \text{s}^{-1}$$

を意味する．したがって n 桁の素数を求めるには，

$$T = \frac{10^{n/2}}{10^8 \text{ s}^{-1}} = 10^{n/2-8} \text{ s}$$

の時間がかかる．

$n = 10$ の場合，

$$T = 10^{5-8} = 10^{-3} \text{s}$$

という瞬間的な時間となる．しかし 50 桁となると，

$$T = 10^{25-8} = 10^{17} \text{s}$$

となる．1 年は約 3×10^7 s であったから，これは，

$$\frac{10^{17}}{3 \times 10^7} \text{y} \approx 0.3 \times 10^{10} = 3 \times 10^9 \text{ y}$$

となり，宇宙が生まれてからの時間 $\sim 10^{10}$y に匹敵するくらい長さで，とうてい実現不可能といってよい．

問題 2.8

$$1/\sqrt{27} = 1/\sqrt{3^3} = 1/\left(\sqrt{3}\right)^3 = 1/\left(3\sqrt{3}\right) \approx 1/(3 \times 1.732) \approx 1/5.196 \approx 0.1925$$

問題 2.9

$$2^{1.25} = 2^{1+1/4} = 2 \times 2^{1/4} = 2 \times \sqrt{\sqrt{2}} \approx 2 \times \sqrt{1.4142} \approx 2 \times 1.189 \approx 2.378$$

$$3^{-2.125} = 3^{-(2+1/8)} = 1/\left(3^2 \times \sqrt{\sqrt{\sqrt{3}}}\right) \approx 1/\left(9 \times \sqrt{\sqrt{1.7321}}\right) \approx 1/(9 \times \sqrt{1.316})$$

$$= 1/(9 \times 1.147) \approx 1/10.32 \approx 0.0969$$

$$5^{-1.6} = 5^{-(1+2/3)} = 1/\left(5 \times \left(\sqrt[3]{5}\right)^2\right) \approx 1/(5 \times (1.710)^2) \approx 1/(5 \times 2.924) \approx 1/14.62$$

$$\approx 0.0684$$

問題 2.10
$$(1.5)^{-2.5} = \left(\frac{3}{2}\right)^{-2.5} = \left(\frac{2}{3}\right)^2 \sqrt{\frac{2}{3}} = \frac{4\sqrt{2}}{9\sqrt{3}}$$
$$(2.5)^{-1.3} = \left(\frac{5}{2}\right)^{-1.3} = \left(\frac{2}{5}\right)^{1+1/3} = \frac{2}{5}\frac{\sqrt[3]{2}}{\sqrt[3]{5}}$$
$$(1.3)^{-2.3} = \left(\frac{4}{3}\right)^{-2.3} = \left(\frac{3}{4}\right)^{2+1/3} = \frac{9}{16}\frac{\sqrt[3]{3}}{\sqrt[3]{4}}$$

問題 2.11
$$\log 6 = \log(2\times 3) = \log 2 + \log 3 = 0.3010 + 0.4771 = 0.7781$$
$$\log 1.5 = \log\left(\frac{3}{2}\right) = \log 3 - \log 2 = 0.4771 - 0.3010 = 0.1761$$
$$\log 9 = \log(6\times 1.5) = \log 6 + \log 1.5 = 0.7781 + 0.1761 = 0.9542$$

問題 2.12
$$\log 0.0003 = \log(3 + 10^{-4}) = -4 + \log 3 = -4 + 0.4771 = -3.5229$$
$$\log 0.3 = -1 + 0.4771 = -0.5229$$
$$\log 300 = 2 + 0.4771 = 2.4771$$
$$\log 3000000 = 6.4771$$
$$\log 0.005 = -3 + 0.6990 = -2.3010$$
$$\log 50 = 1.6990$$
$$\log(5 + 10^9) = 9.6990$$

問題 2.13
$$\log x = 16.6021 \Rightarrow x = 10^{16.6021} = 4 \times 10^{16}$$
$$\log x = 3.6021 \Rightarrow x = 10^{3.6021} = 4 \times 10^3$$
$$\log x = -2.3979 = -3 + 0.6021 \Rightarrow x = 4 \times 10^{-3}$$
$$\log x = -7.3979 = -8 + 0.6021 \Rightarrow x = 4 \times 10^{-8}$$

問題 2.14　$M = 6$ ならば，
$$\log E = 9 + 12 = 21$$
したがって，$E = 10^{21}$erg．M が 2 増すと $\log E$ が 3 増すので，E は 1000 倍．M が 2 減ると E は 1/1000 倍．

問題 2.15　1 等星，6 等星の等級，明るさをそれぞれ m_1, f_1, m_2, f_2 とすると，
$$m_1 = -2.5 \log f_1 + B$$
$$m_2 = -2.5 \log f_2 + B$$

問題解答

両辺を引くと，
$$m_1 - m_2 = -2.5(\log f_1 - \log f_2) = -2.5\log\left(\frac{f_1}{f_2}\right) \tag{2.34}$$

これから
$$\log\left(\frac{f_1}{f_2}\right) = \frac{m_1 - m_2}{-2.5} \tag{2.35}$$

$m_1=1$，$m_2=6$ を代入すると右辺 = 2 となり，したがって，
$$\frac{f_1}{f_2} = 10^2 = 100$$

つまり，1等星は6等星に比べて100倍明るいということで，これが p.66 のコラムに書いたように，ハーシェルの発見であった．

同じようにして，-1等星と3等星の場合，
$$-1-3 = -4, \quad \text{したがって} \quad \log\left(\frac{f_1}{f_2}\right) = \frac{4}{2.5} = 1.6$$

これから
$$\frac{f_1}{f_2} = 10^{1.6} = 10 \times 10^{0.6} = 10 \times 3.90 = 39.0$$

すなわち39倍明るい．ここで表2.2を使って $\log 0.6 \approx 3.9$ とした．

逆に，1等星より1万倍明るい星の等級，明るさを $f_2 = 10^4$，m_2 として (2.34) に代入すると，
$$1 - m_2 = -2.5 \log 10^{-4} = 2.5 \times 4 = 10$$

これから $m_2 = -9$ を得る．1万倍暗い場合は，上の式で 10^4 を 10^{-4} で置き換えればよいので，次式に示すように，$m_2 = 11$ 等星である．
$$1 - m_2 = -2.5 \times 4 = -10$$

問題 2.16 前の問題の (2.35) から，次式を得る．
$$\frac{f_2}{f_1} = 10^A, \quad \text{ただし} \quad A = \frac{m_1 - m_2}{2.5}$$

太陽 $m_1 = 1$，$m_2 = -26.8$ を代入すると $A = 27.8/2.5 \approx 11.1$．したがって，
$$\frac{f_2}{f_1} = 10^A = 10^{10} \times 10^{0.1} = 1.26 \times 10^{11}$$

ここで再び表2.2を使った．

満月 $m_1 = 1, m_2 = -12.6$ を代入して $A = 13.6/2.5 = 5.44$．また $10^{0.44} \approx 10^{0.45} \approx 2.8$．したがって，

$$\frac{f_2}{f_1} \approx 2.8 \times 10^5$$

金星 $m_2 = -4.7$. これから $A = 5.7/2.5 = 2.28$, $10^{0.28} \approx 10^{0.3} = 2.0$. したがって $f_2/f_1 \approx 2.0 \times 10^2$.

シリウス $m_2 = -1.5$. これより $A = 2.5/2.5 = 1$, $f_2/f_1 = 10$.

北極星 $m_2 = 2.0$. $A = -1/2.5 = -0.4$. $f_2/f_1 = 10^{-0.4} = 10^{-1+0.6} = 10^{-1} \times 10^{0.6} = 4.0 \times 10^{-1} = 0.40$.

オリオン大星雲 $m_2 = 4$. $A = -3/2.5 = -1.2$. $f_2/f_1 = 10^{-1.2} = 10^{-2} \times 10^{0.8} = 6.3 \times 10^{-2}$.

冥王星 $m_2 = 13.6$. $A = -12.6/2.5 = -5.04$. $f_2/f_1 = 10^{-5.04} = 10^{-6} \times 10^{0.96} \approx 10^{0.95} \times 10^{-6} = 8.9 \times 10^{-6} = 0.89 \times 10^{-5}$.

ハブル望遠鏡で観測される最も暗い天体 $m_2 = 30$. これから $A = -29/2.5 = -11.6$. これからは $f_2/f_1 = 10^{-11.6} = 10^{-12} \times 10^{0.4} \approx 2.5 \times 10^{-12}$ となる.

問題 2.17 ガード下,公園内それぞれの騒音レベルを L_1, L_2, 音の強さを I_1, I_2 とすると,

$$L_1 = 100 = 10 \times \log\left(\frac{I_1}{I_0}\right) \Rightarrow \log\left(\frac{I_1}{I_0}\right) = 10 \Rightarrow \frac{I_1}{I_0} = 10^{10}$$

$$L_2 = 40 = 10 \times \log\left(\frac{I_2}{I_0}\right) \Rightarrow \log\left(\frac{I_2}{I_0}\right) = 4 \Rightarrow \frac{I_2}{I_0} = 10^4$$

これより

$$\frac{I_1}{I_2} = \frac{10^{10}}{10^4} = 10^{10-4} = 10^6$$

「やっと聞こえる音」は 0 dB と選んである. つまり

$$L_0 = 0 = 10 \times \log\left(\frac{I}{I_0}\right)$$

これから

$$\log\left(\frac{I}{I_0}\right) = 0, \Rightarrow \frac{I}{I_0} = 1$$

つまり I_0 とはやっと聞こえる音のレベルにほかならないのである. したがって普通の会話のレベルと音の強さを L, I としたとき,

$$L = 60 = 10 \times \log\left(\frac{I}{I_0}\right) \Rightarrow \frac{I}{I_0} = 6 \Rightarrow \frac{I}{I_0} = 10^6$$

章末問題 2.1　$n=129$ の場合 $\sqrt{n}=11.4$．したがって必要な演算の個数は $10^{1.5\times 11.4}=10^{17.1}=1.3\times 10^{17}$ となる．計算時間は，

$$T=\frac{1.3\times 10^{17}}{10^{12}}=1.3\times 10^5 \text{ 秒}$$

と短くなる．一方，1日は $(3.6\times 10^3)\times(2.4\times 10)=0.86\times 10^5$s だから，上に求めた値はほぼ1日ということになる．これが1993年以来の進歩と言ってよいだろう．ただし，懸賞問題の場合には，多くの試行錯誤などがあったとも考えられる．

$n=155$ とすると $\sqrt{n}=12.4$ で，計算時間は，

$$\frac{10^{12.4c}}{10^{11.4c}}=10^{(12.4-11.4)c}=10^c=10^{1.5}=10^{0.5}\times 10=31.6$$

倍長くなるだけである．つまり約1ヵ月である．

章末問題 2.2　日本の例から，日本の点のすぐ左を通る縦線は1億すなわち 10^8，また日本の点のすぐ上を通る横線は100万すなわち 10^6 を表すことがわかり，下の図のように目盛りを入れればよいことがわかる．他の国に相当する点も書き入れてある．

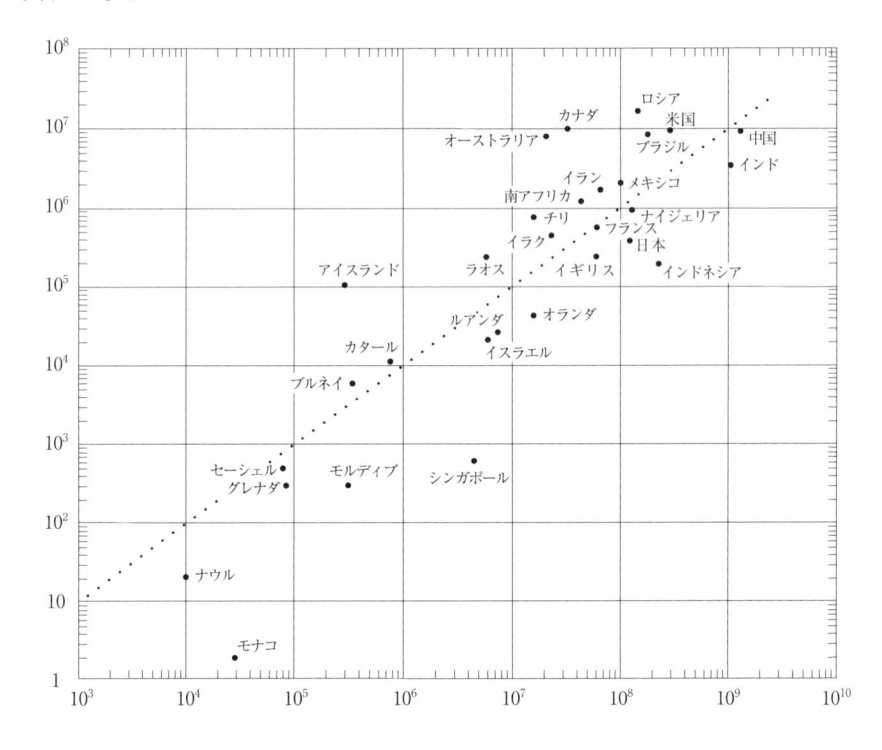

もし人口 x と面積 y が比例しているならば,
$$y = ax$$
となる. ここで a は人口密度 ρ の逆数である. この式の対数をとると,
$$\log y = \log a + \log x$$
となり, 図の中では人口密度が大きいほど傾きが小さくなる. もっと詳しく言うために, 横軸, 縦軸を $X = \log x$, $Y = \log y$ と書くことにする. これはこのグラフで, それぞれ 1「ます」を 1 目盛りとみなすことに相当する. 上の図では「ます」が正方形ではないが, それを正方形と思い直すこととする. 下の図を見てほしい.

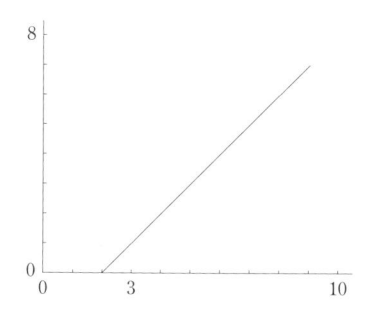

さらに詳しくすれば, まず下の水平な線が $Y = 0$, つまり横軸に対応し, 縦軸は人口の 10^3 から 3 ます分, 左へ寄ったところにある. つまり $X = 0$ を通っている. 人口と密度の比例関係の式は,
$$Y = X + \log a$$
と書くことができる. すなわち, $X-Y$ 平面で直線である. その勾配は 1 であるが, それだけでは直線は決まらない. はじめの両対数の図の中で全体的な傾向を表す直線を考えた場合, ほぼナイジェリアのあたり, つまり 10^8 と 10^6 の交点あたりを通っていると考えてよいだろう. これは, XY の図で言えば, $X = 8$, $Y = 6$ の点に相当する. また図の左端, すなわち $x = 10^3$ を $y = 10$ の高さで切っているようである. すなわち $X = 3$, $Y = 1$ を通っている. XY の図の中でそのような直線を延長してみると, $Y = -2$ で Y 軸を切っていることがわかる. これを「切片」が -2 であると言い, すぐ上の式で $\log a = -2$ とおいたことに相当する. そのようにして描いたのが図の中の 45 度の直線である. さらにこれをはじめの両対数目盛りの図に書き写したのが, 小さな点で描いた直線である. 人口密度 ρ が大きい (小さい) ほど, $\log a$ は小さく (大きく) なり, 上の図の直線は平行に右下 (左上) にずれることになる. 一般的に言って, この直線より上にあれば人口密度は

平均より小さく，下にあれば大きいということになる．それで，バンドのような分布になる．

実際，日本の人口密度は $1.27\times10^8/(3.78\times10^5)=3.36\times10^2=336$（人/km^2）で，上に導いたおよその平均値100より多少大きい．

人口密度が小さい代表は，オーストラリア $2.00\times10^7/(0.77\times10^7)=2.6$，カナダ $3.2\times10^7/(1.00\times10^7)=3.2$，ロシア $1.45\times10^8/(1.71\times10^7)=0.85\times10=8.5$ などであるが，この中でもオーストラリアのそれが小さいことは，上の平均直線からの「距離」が最大であることからも推察される．人口密度最大なのはモナコで $\rho=3\times10^4/1.81=1.66\times10^4$ であり，これは1つの都市が国家だからであろう．大きな国としてはインドネシア $2.32\times10^8/(1.91\times10^5)=1.21\times10^3$ が，人口密度が大きい国として注目される．

章末問題2.3 (2.29)によって計算すると，それぞれの地震のエネルギーは 1.59×10^{22}, 2.82×10^{21}, 1.41×10^{21} となる．ただし単位はエルグである．あとの2つが余震のもので，これらを足すと $4.23\times10^{21}=0.423\times10^{22}$ となる．全エネルギーは 2.01×10^{22} となり，余震対全エネルギーは $0.423/2.01=0.21$，つまり21%である．

スマトラ沖地震では，主震のエネルギーは 3.16×10^{25} エルグ，$M=7.1$ の余震のそれは 4.47×10^{22} である．また $M=6$ 台のものは $M=6.5$ として計算しよう．これらの1つの地震のエネルギーは 5.62×10^{21}，これを7倍して 3.93×10^{22} となる．$M=7.1$ のエネルギーと足すと $8.4\times10^{22}=8.4\times10^{-3}\times10^{25}$ となり，主震のエネルギーに比べて3桁近く小さい．すなわち全エネルギーはほとんど主震のエネルギーに等しい．したがって求める比は $8.4\times10^{-3}/3.16=2.66\times10^{-3}$，すなわち約0.27%である．このように，余震のエネルギーが比として非常に小さい例が多く，新潟におけるような場合は，むしろ希であるとみなされている．

問題3.1 図3.1の右の図の場合 $V=13$，$E=12$ で，図は次のとおり．

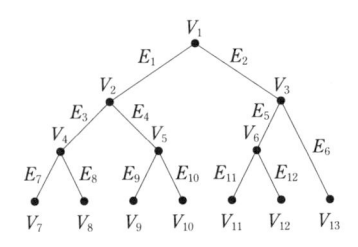

他の図についても同様で，特に示さない．

問題 3.2 図 3.1 の右の図の場合 $E=12$ で, さらに (前問 3.1 の図を参照),

$$\begin{cases} d_1 = 2, \\ 2 \leq i \leq 6 \text{ に対しては } d_i = 3 \\ 7 \leq i \leq 13 \text{ に対しては } d_i = 1 \end{cases}$$

したがって

$$\sum_{i=1}^{13} d_i = 2 + 5 \times 3 + 7 = 24 = 2E$$

図 3.4 の右の図の場合 $E=7$ で, また

$$d_A = 5, \quad d_B = d_C = d_D = 3$$

したがって

$$\sum_{i=A}^{D} d_i = 5 + 3 + 2 \times 3 = 14 = 2E$$

問題 3.3 参加者総数を N とする. 今の場合 N は奇数である. もし握手回数が偶数の人がいなければ, N 人とも奇数回握手をしたことになる. そうすると (3.1) の左辺の $\sum d_i$ は, 奇数を奇数回集めたことになるから, 全部で奇数となり, 右辺が偶数であるべきことに反する. したがって, 偶数回握手をした人が1人もいないということはありえない. 実際, $\sum d_i$ において, 偶数回握手をした人についてだけの和を S_e, 奇数回握手をした人についてだけの和を S_o と書くと

$$\sum d_i = S_e + S_o$$

であるが, 第1項は偶数を集めるのだから必ず偶数であり, (3.1) によれば第2項も必ず偶数でなければならない. ところで S_o の各項は奇数だから, この条件を満たすためには, 偶数個についての和でなければならない. すなわち, 奇数回握手をした人の数は偶数であり, 残り, つまり偶数回握手をした人は奇数人いたことになる.

問題 3.4 木であるのは上の列の真ん中と下の列の最後. それぞれで $V=8$, $E=7$, $V=10$, $E=9$. したがって (3.2) が成り立っている. 他のものについては, 上の列の左から順に $V=4$, $E=4$, $V=5$, $E=6$, $V=5$, $E=5$, $V=5$, $E=6$ で, いずれも (3.3) となっている.

問題 3.5 このグラフに現れる頂点には3種類がある. すなわち, $d_i=1$ のものが n, $d_i=2$ のものが1個, $d_i=3$ のものが $m-1$ だけある. これらの個数を加えると, 頂点の総数 V は, $V = n + 1 + (m-1) = n + m$

となる．ここで，今のグラフは木であることを利用すると，(3.1) によって $E = n + m - 1$ である．また

$$\sum d_i = n \times 1 + 1 \times 2 + (m-1) \times 3 = n + 3m - 1$$

これらを (3.1)，すなわち $\sum d_i = 2(V-1)$ に代入すると，
$$n + 3m - 1 = 2n + 2m - 2 \quad \Rightarrow \quad m = n - 1$$
すなわち，参加者の総数マイナス1回の試合が行われることになる．

問題 3.6 頂点の番号付けは，下の図で，それぞれの最初に示してある．

(1) まず辺25と辺34を入れ換える．次いで頂点3と4を交換する．

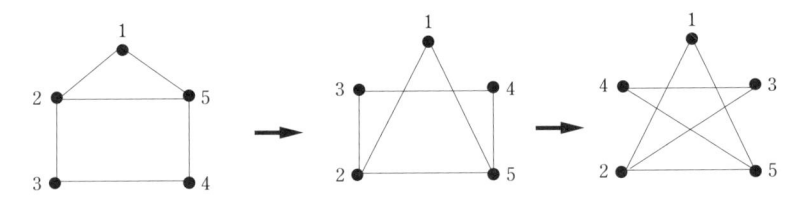

(2) 頂点5を上に引き上げる．次に頂点6を5の少し下に引き上げる．頂点7, 8を，同じような操作によって，「水平」に並んだ頂点1,2,3,4の下方に配置する．

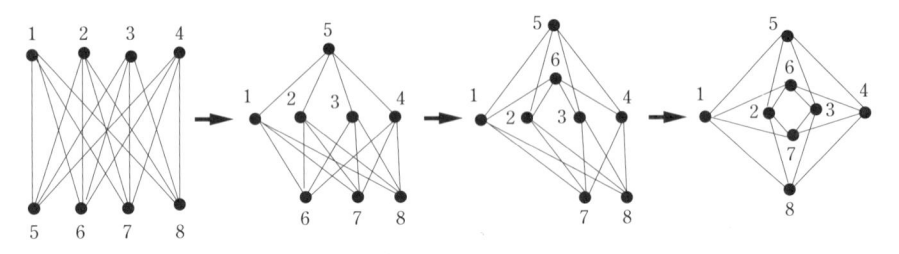

(3) 頂点7,10を上に引き上げる．次に頂点6,9を入れ替える．

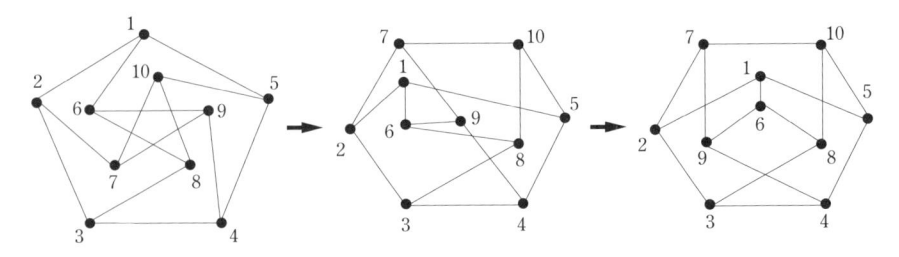

問題 3.7　(a) は非連結だから，(b) は全部 $d=5$ だから，(d) は $d=5$ の頂点を含むから，いずれもだめ．(c) は全部の頂点が $d=4$ だからよい．オイラー回路の一例を示す．一番上の点から出発する．

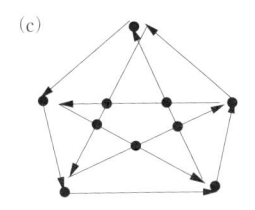

問題 3.8　隣り隣りと結ぶもの，1つおきに結ぶもの，2つおきに結ぶもの，と3個のハミルトンサイクルがある．

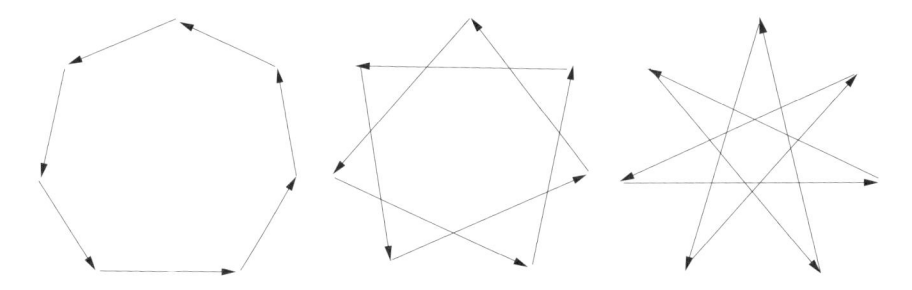

問題 3.9　K_4：$V=4, E=6, R=4$．これは明らかに (3.8)，$V-E+R=2$ を満たす．

$K_{2,3}$：図3.34の最後の図について考えると $V=5, E=6, R=3$ となり，やはり (3.8) となっている．

図3.14の最初のグラフ：$V=6, E=9, R=5$ で，(3.8) を満たす．

問題 3.10

(a) 中央の縦の線をひっくり返せば，次の図の右のようになり，平面的となる．これについては $V=6, E=9, R=5$ で，(3.8) を満たしている．

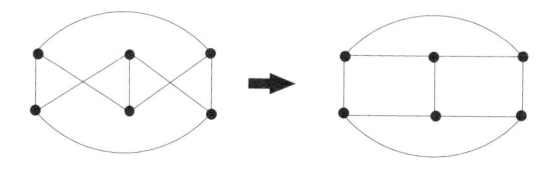

(b) 下の図のように連続変形すれば，右端の図のように平面的となり，$V=6$,

$E=12$, $R=8$ で (3.8) となる．

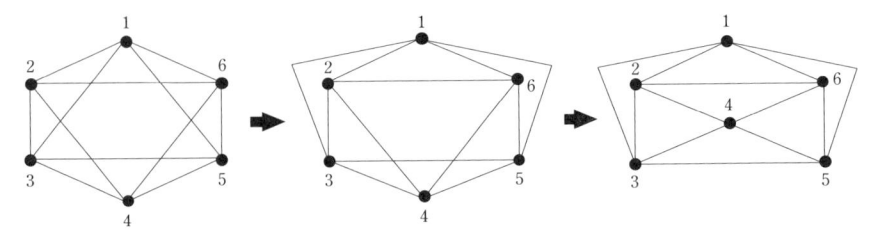

(c) これは平面的となりえない．

問題 3.11　色は A, B, C で示す．(a), (b) は一見して問題ないだろう．(c) については，まず最高次数の頂点を探す．それは頂点 8 で，次数は 5 である．これに色 A をつける．次いでこの頂点に隣接していない頂点 2 と 7 に同じ色 A を塗る．次に 8 に隣接している頂点 3, 5, 6 は，すでに B をつけた頂点 1, 4 にも隣接しているので，第 3 の色 C を塗る．

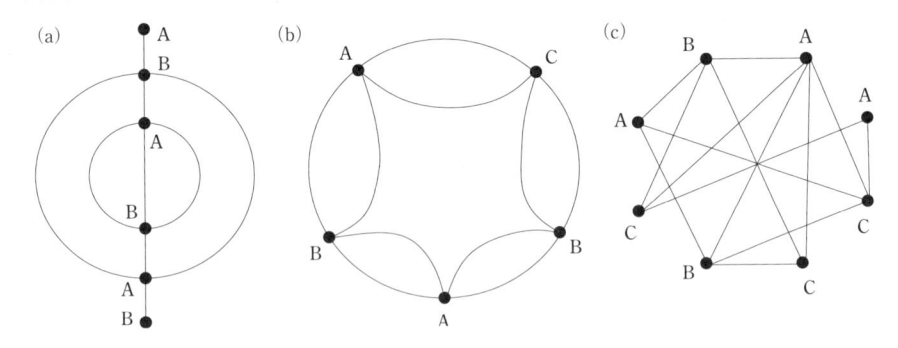

問題 3.12　(b) については，ほとんど解説の必要はないだろう．最初の図は双対グラフ，次にそれらの頂点を A, B で彩色．それをはじめのグラフに書き写したのが最後の図．明らかに 2 色ですむ．

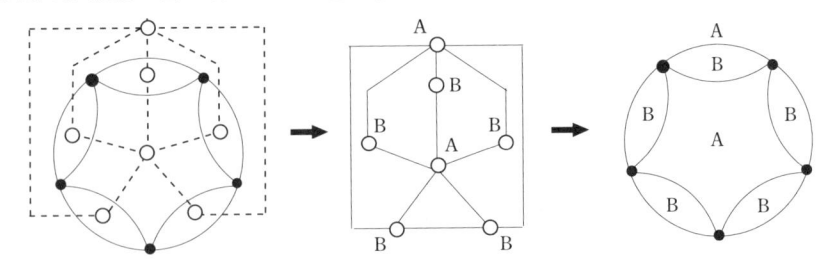

(c) これは一見複雑なグラフである．頂点に番号をつける（最初の図）．辺の

交差をできるだけ取り除く意図で，頂点 6, 7 を左にもってくる（次の図）．さらに，頂点 6 → 2 → 1 → 8 をまんなかにもってくるように書き直して，少し変形すると 3 番目のグラフとなり，平面的となる（これは 1 例で，ほかの描き方も可能）．第 4 番目の図では，これに双対グラフを書き入れる．後は (b) と同じで，3 番目のグラフに 3 色で彩色したのが最後の図．

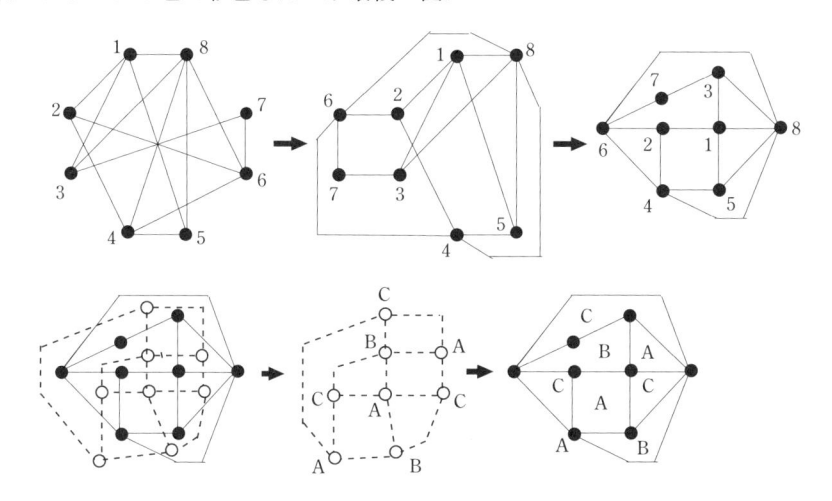

問題 3.13　図 3.44 の左のグラフでは $V = 6$, $E = 9$, $\deg(r_i) \geq 3$ なので，$3V - E = 9 > 6$．辺 1,4 を外に引っ張り出せば，下の図の左端の図となる．以下順に，それに描き入れた双対グラフ，双対グラフの頂点を彩色，平面表現の領域の彩色．他にも可能．

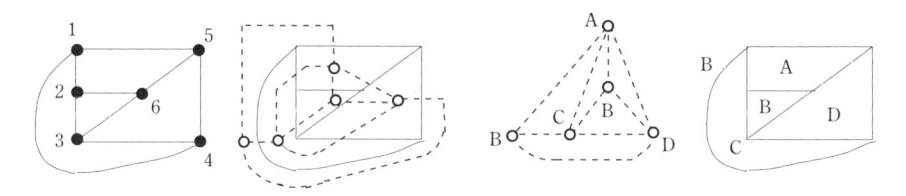

図 3.44 の右のグラフの場合は，$V = 7$, $E = 11$, $\deg(r_i) \geq 3$ なので，やはり $3V - E = 10 > 6$．たとえば，頂点 6,7 を上に引っ張りあげ，さらに頂点 5 を上に引き上げる．これで平面表現となる(左端のグラフ)．以下，先の場合と同様にして，平面表現の領域の彩色に至る．

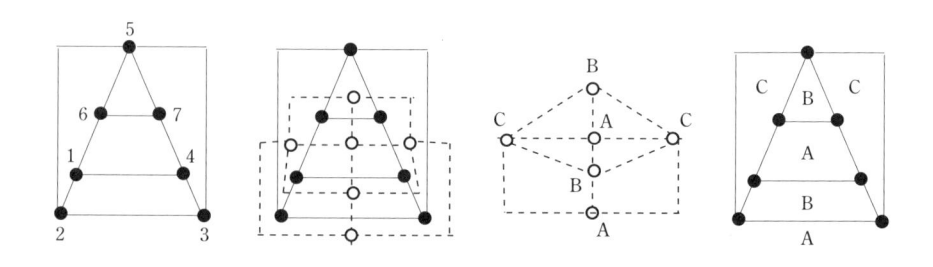

章末問題 3.1　K_5 の表現としては，最も標準的な図 3.36 (a) があるが，これと同型な下の左の図のようなものも可能である．この図で，左（右）外側に出ている辺 1,3 (1,4) を内側にもってくれば標準的な図に帰着する．わざわざこのような表現にしたのは，下の右の「橋の図」との対応を見やすくするためである．1 から出発してもとに戻る「回路」をわかりやすく表すために，各頂点に「点」● を打たず，番号のみを記したが，意味は明瞭だろう．

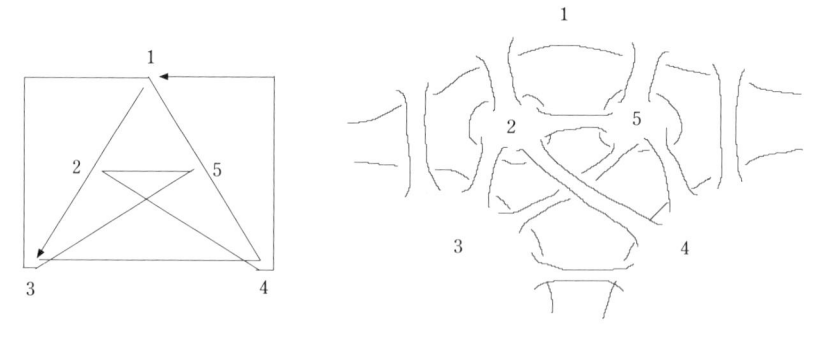

この「地図」では，左側から右側に流れている川に，下の方から別の川が合流していて，2 つの島が浮かんでいる．それにつけた番号 2, 5 が，上に描いた K_5 の頂点の番号に対応している．同様に頂点 1, 3, 4 は，同じ番号の岸辺に対応する．それらを結ぶ 10 本の橋が描かれており，もちろん K_5 の辺に対応する．K_5 が平面的ではないことに対応して，2, 4 を結ぶ橋と 3, 5 を結ぶ橋とは立体交差している．

図 3.27 の (c) は K_5 の標準型（図 3.36 (a)）と似ているが，それぞれの辺の交点がすべて頂点となっている．この表現では，辺の構造が K_5 と同じなので，オイラー回路としては K_5 と同じ型である．下の左の図にその 1 例を示しておく．またそれに対応する「橋の図」は下の右図となる．

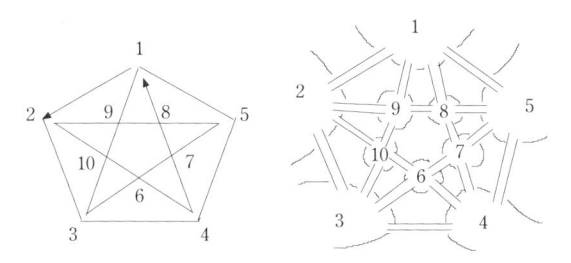

これは，平面的なグラフであり，陸地の数においても K_5 の場合とはまったく異なっている．

章末問題 3.2 5ヵ国で，それぞれの国の代表が2人の場合（K_5）について，左の図で，オイラー経路の一例を示す．番号1から始まって矢印のように進んで，はじめの1に戻る．この番号順を，円卓の中心最上部から反時計回りに書き入れたのが，右の図である．この番号が国別を表す．たしかに隣り合う席は，必ず別の国，つまり番号になっている．

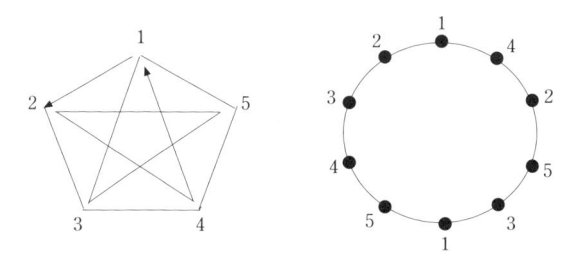

7ヵ国で，それぞれの国の代表が3人の場合（K_7）についても同様の図が描ける．

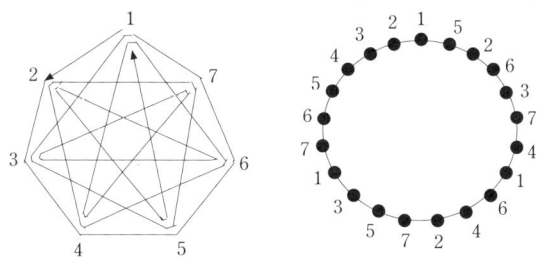

一般には $2n+1$ の国から n 人ずつの代表を出す場合は，K_{2n+1} を用いればよい．

次に K_4 を考えよう．このグラフの頂点は，次数が3であるので，オイラー回路を許さないのであった．すべての辺を通る経路を「一筆描き」で書くことはできるが，2度通る辺ができてしまう．この点でオイラー回路ではなく，3.3節の

分類で言うと trail ですらない．その例を下の左図に示す．それでも，この経路をたどって番号をつけると，右図のように4つの国のからの2人ずつの代表を，やはり同じ国の代表を隣り合わせにすることなく，席につかせることができる．

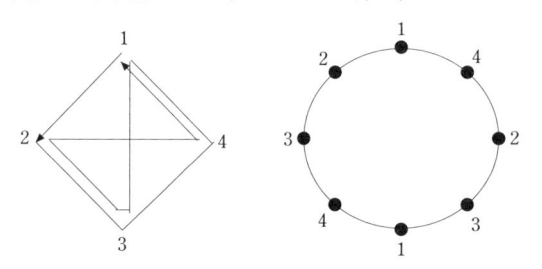

一般には $2n$ の国からそれぞれ n 人ずつの代表の場合，K_{2n} を用いればよい．ただし，同じ辺を2度通ることを許すこととする．

章末問題 3.3 不戦勝が1回ある場合の例を下に示そう．

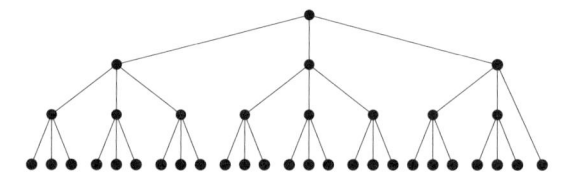

このグラフには3種類の頂点がある．参加者を表す次数1のものが n 個，最終戦に相当する次数3の頂点が1個，勝負のそれぞれを表す次数4の頂点が ($m-1$) ある．これらの個数を足し集めると，

$$V = n + 1 + (m-1) = n + m \tag{A}$$

を与える．さらに (3.1) を使って，

$$\sum d_i = n + 3 + 4(m-1) = n + 4m - 1 = 2E = 2(V-1) \tag{B}$$

も得られる．木であることから最右辺で，(3.2) を使った．ここで，上で求めた関係式 (A) を使うと，

$$2m = n - 1, \quad したがって \quad m = \frac{n-1}{2} \tag{C}$$

となる．

ここまでの導出を，不戦勝のない場合の図 3.5 と比べてみよう．この図 3.5 の右端で，参加者を2人減らし勝負を1回減らすと，この問題の上の図となる．この過程で n を 2，m を 1 減らしているが，これは上の式 (C) の両辺を変えない．

この議論を進めると，(C) は不戦勝のあるなしに無関係に成り立つことがわかる．さらにこの式は，毎回の勝負で1回ごとに2人が退場し，最後に1人が残るという単純なことを意味するものと解釈できる．実際 (C) は，図3.5（$n=27$，$m=13$），および図（$n=25$，$m=12$）のいずれの場合にも成り立っている．

章末問題3.4　K_5：一例をあげる．下の図の最後の+記号の右が第2層を表す．

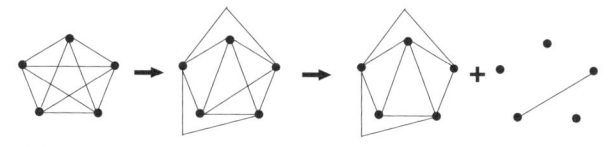

K_6：上と同様に2層ですむ．+記号の右が第2層を表す．

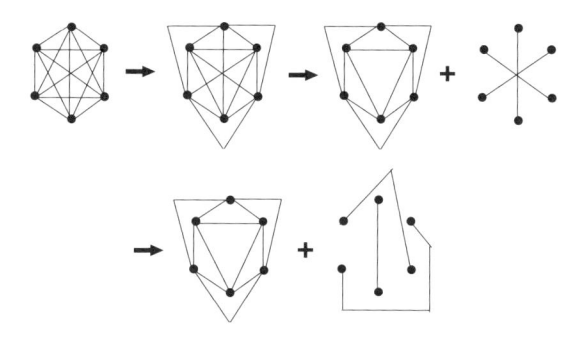

K_7：これも同様．

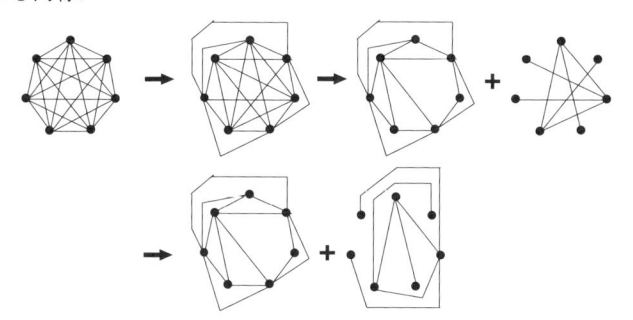

終 わ り に

　この本で扱う題材をどう選んだかについては「はじめに」で述べました．しかし実際に取り組んでみると，実は私にとって未経験であった領域も多く，説明の文章も，学生や読者はさておき，自分自身を納得させようとした痕跡があちこちに残ってしまいました．しかしそれだけ「感動」もあったわけで，それが読者に還元されたに違いない，と思って自ら慰めている次第です．

　いずれにしても，本来授業としての数学でありながら，数学とはこんなものだったのか，というなんらかの印象をもって終わってもらえれば，私の意図は達せられたものと思っています．その記憶が，数学が好きな人も，そうではない人もそれぞれに，将来に生き続けることを願っています．

　本の原稿は，日本福祉大学での授業のプリントとして使うために LaTeX でこしらえたものが基になっていて，何度も書き換えたり，削ったり付け加えたりした部分もたくさんあります．図もほとんどユニックス用のソフトで描きました．ただ今回，本にする際には，印刷上，単純な LaTeX 以上に手を加える必要もあったようで，その面で，工学図書（株）の笠原隆氏および友人の太田氏には大変お世話になりました．おふたりにはこれ以外にも，本全体の構成に関して多くの助言を頂いています．たとえば，コラムや章末問題を加えることとなったのもその一例ですが，細かい表現に至るまで多岐にわたっており，この場を借りて厚くお礼申し上げます．

　なお，特に第3章を書くにあたっては，次の本を参考にさせていただいた．N. ハーツフィールド，G. リンゲル著，鈴木晋一訳，グラフ理論入門，サイエンス社（1992），田沢新成，白倉暉弘，田村三郎著，やさしいグラフ論，現代数学社（2003）．

索　引

あ

握手原理　86
アスキー文字　40
アスワン　4
余り　10
アルゴリスム　15
アレキサンドリア　4
暗号　1, 17
　　——文　19, 22
　　——方式　17
　　——の鍵　17
暗算能力　43

い

一方向関数　23
移調　72

え

枝　87
エラトステネス　4
　　——のふるい　2
演算　29
円周率　2, 54

お

オイラー
　　——回路　98, 114
　　——のe　77
　　——の定理　98, 104
オクターブ　70, 75
オーダー評価　56
音階　47, 70

音程　70

か

開歩道　97
回路　97, 98
鍵　17
加算装置　28
可視光　51
勝ち抜き競技　115
完全グラフ　95
完全2部グラフ　96

き

木　88
　　——のグラフ　88
キー　72
記憶（コンピューターの）　35
記憶容量　35
ギガバイト　41
逆関数　23, 58, 77
逆数　48
共通鍵　25
虚数　2
近似値　55

く

クラシック音楽　72
グラフ　81, 83
　　——理論　84
　　——の連続的な変形　94
　　同型の——　93
　　非連結——　89, 91
　　平面的な——　102

145

索　　引

　　——連結——　89, 91

　　け

計算尺　62
桁上がり　27
ケーニヒスベルクの橋　83, 97
懸賞問題　22

　　こ

公開鍵　20, 23
　　——暗号　19, 78
合成数　7
誤差　54
コンピューター　113
　　——の記憶容量　40
　　——の計算能力　52
コンピューティング　37

　　さ

サイクル　88, 98
　　——の数え方　92
　　——の独立　92
最小公倍数　8
彩色数　109
最大公約数　8
座標　36

　　し

地震のエネルギー　63
指数　47
　　——関数　59
次数　86, 102
自然数　1
自然対数　69, 77
実数　2, 53
自明なグラフ　87
集合　96
13年蝉　9, 45

10進数　25, 34
10進法　25, 34
集積回路　107
17年蝉　9, 45
周波数　74
16進法　1, 35, 38
主震　79
巡回セールスマン問題　101
循環小数　54
小径　97
情報処理　36
情報量　37
常用対数　56, 76
剰余算　10
真数　59
　　——表　59
振動数　51, 74

　　せ

整数　1
　　——部分　44
　　——論　1, 10
精度　54
絶対音感　74
セールスマン問題　101

　　そ

素因数分解　7, 21, 52, 78
騒音　67
相対音感　74
双対グラフ　109
素数　1, 2, 9, 78

　　た

対数　47, 57
　　——関数　59
　　——表　57
　　——目盛り　61

146

索　引

——の底　68, 77
互いに素　8, 21
足し算　27, 31
多重グラフ　95
多重辺　95, 105
単文字変換方式　18

ち

地下鉄の路線図　82
地球
　——の年齢　61
　——の半径　4, 45
地図　102
　——の彩色　107, 109
中央演算装置　107
頂点　83
調律　74
直列スイッチ　30

て

停止の条件　6
デジタル署名　24
デシベル　67
テラフロップス　78
電算機　36
電子署名　25
電磁波　51

と

等級（星の明るさ）　65
同型のグラフ　93
同値類　14
トーナメント　81, 90

な

内蔵関数　77
流れ図　6, 44, 84

に

2進数　27, 37
2進法　1, 26, 35
2部グラフ　95
認証法　24

は

バイト　40
　——文字　40
ハーシェル　66
波長　51
バッハ　77
ハブル望遠鏡　65
ハミルトンサイクル　101
林　89

ひ

光速度　50
引き算　31
ビット　35, 40
一筆描き　83, 115
秘密保持　19
非連結グラフ　89, 91

ふ

フェヒナーの心理学的法則　66
フェルマーの小定理　12, 41
復号化　19
　——の鍵　22
複素数　2
不戦勝　90, 115
プリント配線　107, 115
ブール代数　29
分数　2

へ

平均律　70, 75, 77

147

索　　引

閉小径　98
閉歩道　97
平面的なグラフ　102
平面表現　102
並列スイッチ　30
べき
　　――関数　57
　　――指数　47
　　――乗　47
ベートーヴェン　72
辺　83

ほ

法　13
星の明るさ　64, 65, 69
補数　32
歩道　97
ホン　67

ま・み

マグニチュード　63, 69
道　98

む

無限小数　53
無理数　2, 53

め・も

命令　35
メガバイト　41
メロディー　71
モーツァルト　71
門　28

ゆ

有限小数　53
ユークリッドの互除法　15

有効数字　50
有理数　2, 53

よ

余震　79
4色問題　81, 111
　　――の歴史　113

り

離散数学　84
立体交差　82
両対数方眼紙　78

る・れ

ループ　87, 105
連結グラフ　89, 91

ろ

路線図（地下鉄）　82
論理演算　29

わ

和　49
　　――（桁の数）　27

欧文

AND gate　28
ASCIIコード　40
CCD　66
CPU　107
IC　107
NOT gate　29, 32
OR gate　28
RSA方式　20

148

●著者紹介

藤井　保憲（ふじい・やすのり）

　1931年神戸市に生まれる．1959年名古屋大学大学院理学研究科博士課程修了，理学博士．

　日本大学理工学部（1959-1963），東京大学教養学部（1963-1992），日本福祉大学（1992-2002）．東京大学名誉教授．現在は早稲田大学理工学総合研究センター客員研究員．

　主な著書：「時空と重力」（1979，産業図書），「超重力理論入門」（1987，マグロウヒルブック；2005，産業図書），「重力とスカラー場」（1997，講談社），「相対論」（改訂版：1999，放送大学教育振興会），「The Scalar-Tensor Theory of Gravitation」（Y. Fujii and K. Maeda, Cambridge University Press, 2003）．

微積分を使わない情報数理入門

平成18年3月9日　初版		
著　者	藤井保憲	
発行者	笠原　隆	
発　行　所	**工学図書株式会社**	
〒113-0021　東京都文京区本駒込1-25-32		
電話　03（3946）8591番		
FAX　03（3946）8593番		
印刷所　㈱双文社印刷		

©YASUNORI FUJII 2006 Printed in Japan
ISBN 4-7692-0475-2 C3058
☆定価はカバーに表示してあります．

好評発売中

ソフトウェアのための基礎数学	鎗山　徹　著 ★ B5 判　定価 2,415 円
これから学ぶ 文科系の基礎数学	鎗山　徹　著 ★ B5 判　定価 2,625 円
これから学ぶ コンピュータ科学入門　ソフトウェア編	鎗山　徹　著 ★ A5 判　定価 2,205 円
これから学ぶ コンピュータ科学入門　ハードウェア編	鎗山　徹　著 ★ A5 判　定価 1,995 円
これから学ぶ コンピュータ科学入門　アルゴリズム編	鎗山　徹　著 ★ A5 判　定価 1,890 円
パソコンユーザのための情報処理	広瀬啓雄・飯田洋市　共著 ★ A5 判　定価 2,100 円
情報システムとネットワーク	安藤明之　著 ★ A5 判　定価 2,415 円

【表示価格は税込み(5%)価格】

工学図書　http://www.kougakutosho.co.jp